布料嚴選
鎌倉SWANYの
自然風手作服

prologue

擁有超人氣包包及波奇包
手作教室的鎌倉SWANY，
使用在衣服上的
布料種類也很豐富喔！

也常和各品牌合作聯名，
為不同服裝款式推出各式布料，
善用獨家開發素材
搭配各種嶄新的設計，
目前已有1000款以上的設計布料。

本書充滿了鎌倉SWANY的特有風格。
作為該店第一本服裝縫製書，
從人氣款式中嚴選出31款，
除了原寸紙型之外，
也介紹製作方法和穿搭技巧。

製作簡單，可以馬上穿搭，
能充分感受素材觸感……
請各位試著製作看看，
一定會著迷於
鎌倉SWANY的特有魅力之中。

contents

one-piece
便利小叮嚀♪
附有
調整衣長、
袖長作法
blouse

再也不用煩惱每天的穿搭！
衣櫥裡必備的
10種時尚單品

在本書中聚集了
大量百搭、製作簡單、
且超人氣的鎌倉SWANY時尚單品。
不管用什麼布料製作，都能展現出與眾不同的季節感，
衣櫃裡的搭配性也更加寬廣了！

＋白色襯衫一起散步去！

 **COORDINATE POINT**

搭配P.19的V領上衣，展現充滿
春天氛圍的穿搭。腳上則穿著休
閒的低跟鞋和白短襪。

ITEM/1
享受布料本身的多樣性樂趣
寬褲

　　鬆緊帶設計的超簡單褲款，搭配的是現在最流行的寬版設計，脇邊大大的貼
邊口袋更顯個性化。熱帶風情花紋圖案展現成熟大人味，改成薄羊毛布料搭配靴
子，在秋冬穿著也沒問題，是一年四季均可搭配的款式。

製作方法 **P.80** 原寸紙型1面 **A**

成熟的印花圖案展現英倫優雅風

COORDINATE POINT

搭配灰色典雅上衣，更加突顯印
花時尚度。刻意的同色系列設計
給人高雅品味，是最適合聚會的
穿搭。

很受歡迎的腰部鬆緊帶細褶設計，製作很簡
單。上衣不紮進去也很好看。

如工作褲一般重疊脇線的四角形口袋，不但實
用且時尚，是讓細褶褲子更加實穿的設計。

使用布料

鎌倉SWANY
原創布料
Emily（B0277-6）
寬105cm 棉麻

7

COORDINATE POINT
亞麻布「Mason」的主要特徵就
是鮮豔的顏色。讓人心跳加速的
鮮豔桃紅！搭配簡單帽子和涼
鞋，更突顯出連身裙的美。

ITEM / 2

穿脫方便又輕便

V 領連身裙

單件就很時尚，不需為穿搭煩惱。配上典雅的V領線條和
修飾臂膀的七分袖設計，柔軟的寬襬不經意展現女性魅力。簡
單的設計只要改變素材製作，一年365天都相當百搭。

附圖片製作解說 **P.42** 原寸紙型1面 B

展現美麗鎖骨頸部線條的V領線條，領圍的裝
飾線也很時尚。寬鬆的尺寸，多層次穿搭也沒
問題。

後開叉設計讓穿脫更加便利。罩衫不搭配拉
鍊，讓背影更顯柔和。

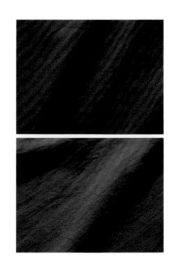

使用布料

上：Mason
（紅紫色：HSK610-5）
下：Mason
（綠色：HSK610-12）
共寬100cm 棉麻

選擇不同色系馬上變身外出時尚服

COORDINATE POINT

同樣的素材，但選擇藍綠色
系，展現成熟高雅風。搭配珍
珠項鍊與手提包，就可以輕鬆
出門囉！

ITEM / 3

令人驚豔的款式，充分修飾腰部線條

蝴蝶結裝飾裙

打開蝴蝶結就可以一目瞭然！裙片脇邊接縫的布片，在中心打上蝴蝶結，彷彿繫著圍裙般的獨特設計，讓腰圍細褶不會太明顯，也可修飾腹部線條。前綁＆後綁都OK。

製作方法 **P.52** 原寸紙型1面 **C**

樣式很簡單！

綁在背面的蝴蝶結很有圍裙風

▲▲ COORDINATE POINT

以自然風亞麻素材製作而成的裙子，帶點田園風，非常好搭配。

光澤感素材提高時尚度

COORDINATE POINT

善用密織平紋布的光澤感增添
時尚度，綠色系布料讓裙長至
腳踝也不顯厚重。前綁的蝴蝶
結搭配刺繡上衣，更增添華麗
感。

Coordinate
Arrange

蝴蝶結也可以刻意選擇市售腰帶，或不同於裙片的素材，當作重點搭配。

使用布料

上：先染亞麻布
寬115cm 棉麻
下：密織平紋布
寬110cm 棉

ITEM / 4

使用針織布展現休閒運動風
剪接設計連身裙

　　稍稍高腰的設計，展現可愛大人風的連身裙。上身採運動
風針織素材，裙子則選擇輕薄亞麻素材，少分量細褶設計搭配
法式落肩設計，展現輕鬆感。

附圖片製作解說 **P.46** 原寸紙型1面 D

灰色 × 深藍色大人的日常服

COORDINATE POINT

中厚度的針織素材不易變形，
簡單穿搭就很有型。搭配芥末
色襪子展現對比色彩。

左：光澤加工針織布（灰、白）各寬150cm 棉
右：Sofi（深藍色HSK880-13、白色HSK880-2）各寬138cm 麻

整體統一同色系的洗練氛圍

COORDINATE POINT

上下同色系，增添正式感，以
針織素材與亞麻混搭，若上下
採同一布料也很時尚。

注意腰圍反摺設計，隱約遮蓋裙片細褶，可降
低太過甜美的感覺。

連身裙即將完成時，將反摺線翻開至表面，接
縫身片後往下側倒，疊在裙片上。

硬挺素材給人正式體面的印象

立領罩衫

罩衫式的合身上衣，不論搭配褲子或裙子都很合適。小高領和後下襬開叉設計，適合穿去正式場合。春夏可使用亞麻，秋冬則運用羊毛素材，展現不同氣質。

製作解説 **P.54** 原寸紙型2面 E

黑白色系穿出俐落造型

COORDINATE POINT

長裙搭配合身上衣，是展現完美身形的絕佳造型。襯在米白色亞麻上衣上的項鍊，也有吸引眾人目光的效果。

鮭魚粉紅色的甜美風情

鮮豔的鮭魚粉紅色給人柔美印象，搭配上中性風褲子，甜美又帥氣的造型就完成了！

肩線尖褶設計表現立體感，法式落肩袖修飾臂膀，搭配外罩衫也很適合。

上／模仿袖口設計的後領開叉設計很高雅，不會太過合身的領圍，穿起來也很舒適。下／比起前下襬，後下襬稍長一些，中心的V字也很有設計感。為了展現漂亮輪廓，請使用硬挺的素材。

Coordinate Arrange

使用布料

左：白色亞麻（CC1209-WH）寬145cm 麻
右：亞麻點點（鮭魚粉紅色）寬130cm 麻

長版上衣的小翻領設計展現新鮮感

翻領長版上衣

　　每個人櫥櫃裡都有的長版上衣，但這款的設計是不是很新鮮呢？前中心開叉，搭配講究的貼邊設計，製作出小翻領款式，領子可讓整體更顯修長效果。

製作方法 **P.56**　原寸紙型2面 F

自然搭配的成熟紅色

COORDINATE POINT

深紅色亞麻布料讓人驚豔。不搭配飾品，選擇中性風黑色紳士帽更顯時尚。明亮色系的褲子，使整體更顯輕盈。

領子的貼邊部分，也可以使用不同顏色布料搭配。

使用布料

8Sofi（深紅色）寬138cm 麻

襯衫式風格設計
搭配厚重鞋子增加正式感

COORDINATE POINT

乍看休閒風的連身裙，搭配上
後片下襬的設計和鞋子，增添
時尚感。

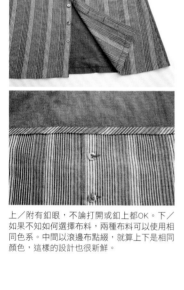

上／附有釦眼，不論打開或釦上都OK。下／
如果不知如何選擇布料，兩種布料可以使用相
同色系。中間以滾邊布點綴，就算上下是相同
顏色，這樣的設計也很新鮮。

使用布料

左：水洗加工布 寬110cm 棉麻
右：水洗加工布 寬110cm 棉麻

ITEM / 7

獨特的雙色設計讓背影也很吸引人

寬鬆連身裙

　　最近流行前後搭配不同布料的設計，後片以兩種布料剪
接，不同於前片的休閒感，後片下襬採襯衫風設計，相當有
趣。寬鬆圓領不論單穿或多層次穿搭都很百搭。

製作方法 **P.58** 　原寸紙型2面 **G**

V 領上衣＋褶襉裙的
迷人穿搭

COORDINATE POINT
V領上衣搭配褶襉裙，亞麻素材
觸感舒適。戴上珍珠項鍊增添
幾分高雅。

上／鬆緊帶位置稍低一點，讓裙頭增加寬鬆
感，將上衣塞進裙內露出裙頭，也很可愛。
下／裙頭的背面角度。請先製作褶襉後，再穿
過鬆緊帶，背面車縫襠布。

左上／如同和服領般，自然立於後頸的領子線
條很性感。
右上／後片稍加長一點，是現在流行的款式。
下襬前後褶襉製造出一點弧線的下襬。左下／
稍短的袖子長度搭配開叉，展現輕盈感。

白色洗練的帥氣風格

▲▲ COORDINATE POINT

搭配俐落的褲子，更加突顯罩
衫的柔軟感。稍稍捲起袖口也
很帥氣。

ITEM／8

令人印象深刻的女性化領圍線條

V 領上衣

這件衣服最主要特徵就在領圍。挺立且寬鬆的V領線條，
更突顯纖細美麗的頸圍。胸前中心稍微可見的貼邊布很新鮮。
請選擇高品質的薄亞麻布。洗滌後更加柔軟，觸感也非常好。

製作方法 **P.60** 原寸紙型1面 I

使用布料

白色亞麻（LI1500）
寬150cm 麻

ITEM／9

褶襉搭配細褶的技法

褶襉裙

有些人不太喜歡可愛的蓬蓬細褶裙，就非常推薦這一款裙
子。腰圍先製作褶襉，再抽細褶，不用擔心會太過厚重。長版
款式看起來也很端莊。

製作方法 **P.53** 原寸紙型2面 H

成熟格紋突顯時尚感

▲▲ COORDINATE POINT

灰色與紫色格紋不會太過可愛，又高雅百
搭，摺疊時布料展現的韻律感也很有趣。

使用布料

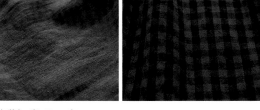

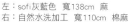

左：sofi灰藍色 寬138cm 麻
右：自然水洗加工 寬110cm 棉麻

穿起來舒適的完美輪廓
休閒褲

讓腳踝更顯纖細的八分長休閒褲。寬鬆的腰圍，再往下漸漸變窄，非常方便活動。不論是涼鞋或運動鞋，或搭配跟鞋也OK。特別的口袋設計，製作簡單卻又別致。

製作方法 **P.62**　原寸紙型2面 J

腰部口袋？其實只是裝飾口袋

腰邊的口袋是假的，這樣斜向的位置不但看起來修飾，且因為不是真口袋也不會太過厚重。

衣櫥不可或缺的
暗色系褲子

COORDINATE POINT

柔軟的中厚麻質素材所製作的褲子，春夏秋季皆百搭。搭配條紋上衣，展現海軍帥氣風。

使用布料

上：白色棉布　寬110cm 棉
下：墨綠色寬105cm 麻

清爽的白褲最百搭

 COORDINATE POINT

休閒風的白色棉褲，帶有高雅
光澤感，搭配針織衫更顯優
雅。

單一紙型延伸出不同款式
簡單可愛的連身裙&上衣

只要改變顏色或素材，就可以製作多件來搭配。
這次調整衣長、袖長，
縫製出專屬於自己的服裝吧！
以一種紙型，變化出三種單品。
只要擅於運用，不論任何紙型均可變化自如，請一定要試試看喔！

BASIC 五分袖＋長版
基本荷葉邊連身裙

　　中心接縫製作，寬鬆的A形傘狀連身裙。可直接套上的後領開叉設計，形狀很簡單，再搭配休閒風的落肩袖。寬鬆尺寸搭配垂墜感布料，整體看起來更清爽。

製作方法 **P.64** 原寸紙型3面 **K**

長版上衣搭配寬鬆褲子

COORDINATE POINT
具垂墜感的亞麻布，傘狀荷葉給
人華麗的印象。搭配寬鬆褲子，
舒服的大人服就完成了！

自然的船型領

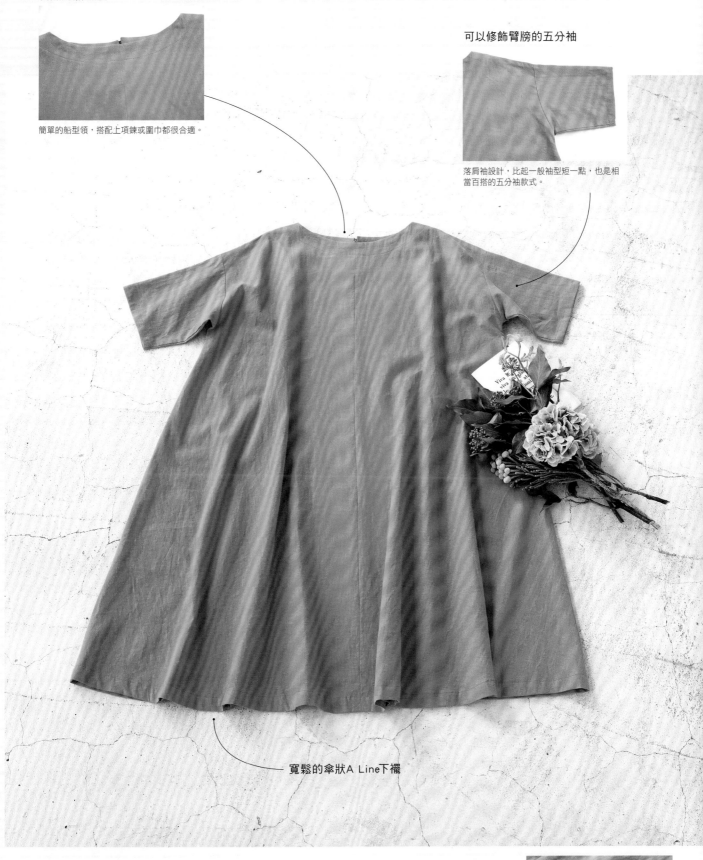

簡單的船型領，搭配上項鍊或圍巾都很合適。

可以修飾臂膀的五分袖

落肩袖設計，比起一般袖型短一點，也是相當百搭的五分袖款式。

寬鬆的傘狀A Line下襬

使用布料

MASON
（Kanali：HSK610-19）
寬100cm 棉麻

ARRANGE／1 短袖 ＋ 長版

短袖荷葉邊連身裙

　　連身裙的長度未改變，將袖子紙型的袖口平行改成短版款式。衣長和袖長比例改變後，如法式袖子般增添俏皮感，變身成迷人的連身裙了！使用具透明感的柔軟素材，寬鬆的傘狀A Line下襬非常漂亮。

製作方法 **P.64**　原寸紙型3面 **K**

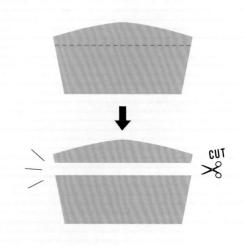

以涼爽布料製作適合夏天的豔陽連身裙

🩳 **COORDINATE POINT**

如圓點圖案般的凹凸可愛素材，冷色調不會太過輕浮。涼爽夏日連身裙，簡單搭配就很時尚。

重要的製作技巧 1

平行遞減或增長調節長度的作法

從下襬（或袖口）完成線直接測量需要「增長的長度」或「減少的長度」，沿完成線平行畫出新線。連身裙或直筒褲、無袖口布設計的簡單袖口均可使用這種方法。畫完線後也不要忘記畫上新的縫份線。

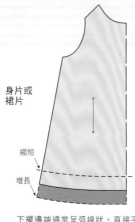

身片或裙片

縮短
增長

下襬邊端通常呈弧線狀。直接平行對齊增加，或減少至需要的長度，畫上虛線連接起來。

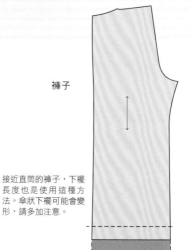

褲子

接近直筒的褲子，下襬長度也是使用這種方法。傘狀下襬可能會變形，請多加注意。

袖子

縮短
增長

袖下至袖口若接近垂直角度，袖口尺寸稍加變更也沒有問題，如果有袖口布，設計尺寸也會改變，請參考P.26。

法式風袖子

一般落肩袖很少有這麼可愛的款式，
小小袖子卻有強大的存在感。

使用布料

凹凸圓點布　寬105cm　棉

ARRANGE / 2 五分袖 + 上衣
五分袖荷葉邊上衣

ARAANGE / 3 短袖 + 上衣
短袖荷葉邊上衣

這次挑戰平行裁剪縮短下襬,變成短版上衣款式。選擇自己喜歡的袖長也OK。沉穩的五分袖款式、或帶點休閒感的短袖款式,上衣也會因為衣長和袖長比例的改變,給人不同印象。搭配不一樣的下半身款式,造型更有多樣化選擇。

製作方法 **P.64** 原寸紙型3面 **K**

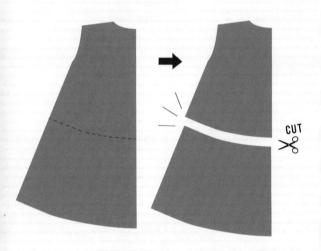

時尚的印花圖案展現恰到好處的可愛度

COORDINATE POINT
稍帶點傘狀下襬的寬鬆上衣。短版的長度搭配個性化印花布,展現華麗的一款。

重要的製作技巧 2

依紙型中心位置減少或增長調節長度的作法

有袖口布的款式,如果直接調節袖口長度,可能會造成尺寸錯誤。展開紙型中心位置,減少或增長調節長度是最好作法。不想改變下襬設計或整體印象時,請使用此方法。

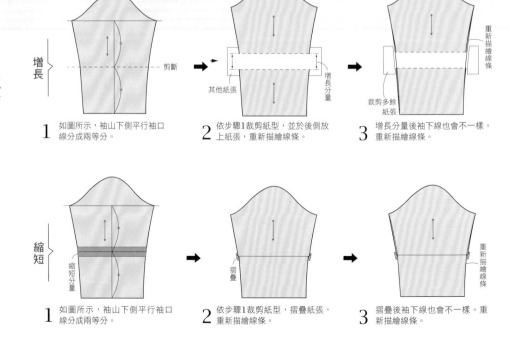

增長

剪斷

1 如圖所示,袖山下側平行袖口線分成兩等分。

其他紙張
增長分量

2 依步驟1裁剪紙型,並於後側放上紙張,重新描繪線條。

重新描繪線條
裁剪多餘紙張

3 增長分量後袖下線也會不一樣。重新描繪線條。

縮短
縮短分量

1 如圖所示,袖山下側平行袖口線分成兩等分。

摺疊

2 依步驟1裁剪紙型,摺疊紙張,重新描繪線條。

重新描繪線條

3 摺疊後袖下線也會不一樣。重新描繪線條。

改變袖長，休閒度也會不一樣

短版，稍帶點傘狀下襬的寬鬆上衣

使用布料

左：葡萄紫布　寬100cm 棉麻
右：印花布　寬110cm 棉

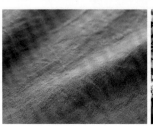

跟肩寬一樣的領子，是最獨特的特徵。背面姿態也很優雅。

V領的領圍，從前面乍看會以為是水手服領。剪接素材同身片布，搭配好看的壓線設計。

PART 3 | 自由選擇

手作服最主要的關鍵重點
講究的紙型&嚴選的布料

手作服最精采的就是素材的選擇。
依據布料的厚度、張力、垂墜感、光澤感……給人印象都不同。
接下來介紹鎌倉SWANY的自信大作。
還有很多快樂縫製服裝的各種提示喔！

使用布料

高雅亞麻布，中厚質感且柔軟。
也可當寢具織品的亞麻布觸感舒適，稍稍帶點煙燻色是主要特徵。

給人高雅印象的古典領子
設計領連身裙

　　非常講究的大領和V形領圍連身裙，搭配古典袖子，就像一位端莊的修女。選擇煙燻色彩，也是讓連身裙加分的重點。如淺藍色暈染上墨汁一般，最適合成熟的高雅女性。

製作方法 P.66　原寸紙型3面 L

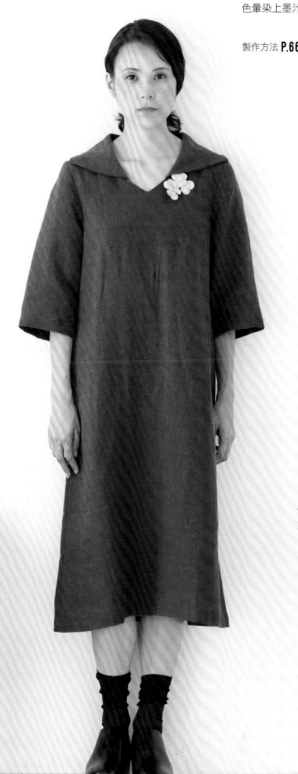

個性化設計 × 顏色
非常有存在感

COORDINATE POINT

不需要任何飾品的裝飾，直筒線條的連身裙單穿就很好看。胸前可搭配別針胸章，非常搶眼。

加上袖口布＆口袋等講究的小細節

細褶連身裙

　　流行的腰部細褶，搭配V領和袖口布增添成熟風味。不會太過休閒、也不會太過正式，非常百搭。依照選擇的素材可展現不同風貌。運動風感的條紋素材和光澤棉沙典布，就讓人看不出來出自同一款式。

製作方法 **P.68**　原寸紙型3面 M

條紋針織布突顯大人休閒風

 COORDINATE POINT

海軍風味的條紋素材連身裙，是不可多見的百搭單品。戴上流行貝蕾帽，很有法國女性的味道喔！

乍看很休閒的針織連身裙，多虧了摺疊設計的袖子，增添了正式感。

不是貼邊式的口袋設計，讓整體輪廓看起來更整齊，完成度也很高。縫製不會很難，請一定要挑戰看看。

選擇光澤棉沙典布
造型馬上變身

COORDINATE POINT

參加稍微正式一點的晚宴時，非
常推薦這款棉沙典布。休閒風的
腰部鬆緊帶設計，搭配金蔥襪子
更顯年輕。

使用布料

上：休閒風服飾絕對不可或缺的條紋
布，深藍色系很沉穩。／針織布（有
機棉）寬160cm 棉 下：光澤棉沙典
布，棉材質很好縫製。／棉沙典 寬110
cm 棉

柔軟針織布＋胸前垂墜設計，充滿女性魅力

垂墜上衣

連身袖或胸前垂墜設計，都是展現迷人魅力的元素。不會太過搶眼的雙色設計很時尚。選擇同樣針織布，伸縮程度一致，就會非常容易縫製。

製作方法 **P.70** 原寸紙型4面 **N**

同素材雙色系列，展現成熟味道

COORDINATE POINT

搭配寬鬆褲子，營造輕鬆休閒造型。稍帶點優雅氣息。只要戴上珍珠項鍊，就能變身外出服。

領圍刻意不縫，帶點垂墜設計。

連接身片的杜耳曼袖，讓肩膀線條更加優美。

雙色設計另一個目的，可防止袖口布變形。

斜向脇線，正面看得到後片的設計很有趣。

使用布料

經過光澤加工的棉質針織布，像絲絹一般擁有光滑柔軟的觸感。加工可增添布料強度、不易起縐。／光澤加工（深藍色·灰色）
各150cm寬 棉

強調修長線條矚目的顯瘦單品

長版背心

時尚的長版背心款式。紙型很少，製作起來簡單又輕鬆。垂墜感的布料強調直線條，或搭配柔軟布料作成罩衫，感覺也很棒。

製作方法 **P.72**　原寸紙型4面 **O**

最適合搭配長裙

亞麻雙層紗布
觸感輕軟舒適

COORDINATE POINT

搭配背心長度，選擇長版裙款。無袖和同色系統一的造型，更顯修長效果。

COORDINATE POINT

背心和褲子統一白色系，給人修長視覺效果。亞麻雙層紗布需先過水，布料觸感才會較自然舒適。

不想搭配正式釦子，釦環設計更顯輕盈。

領圍和袖襱不選擇貼邊，而是改使用斜布條，減少厚重感。

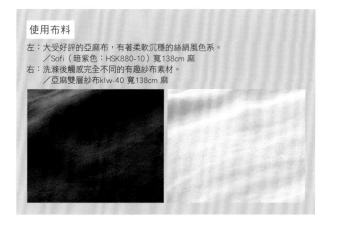

使用布料

左：大受好評的亞麻布，有著柔軟沉穩的絲絹風色系。
／Sofi（暗紫色：HSK880-10）寬138cm 麻
右：洗滌後觸感完全不同的有趣紗布素材。
／亞麻雙層紗布klw-40 寬138cm 麻

讓 Grosgrain 更有造型感

COORDINATE POINT

也使用在帽子素材的Grosgrain，
獨特的布料張力讓裙子整體線
條更加好看。選擇黑色系，即
使在正式場合穿著也很高雅。

不會太過俏皮的絕妙分量感

燈籠裙

　　不太有機會穿著這類款式的讀者們，也試著挑戰看看吧！
成熟感滿點。挑選正確的布料非常重要，選擇稍具張力的布
料，才能展現燈籠裙特有的寬鬆感。雖然紙型部分有點多，但
絕對是百搭單品。

製作方法 **P.74**　原寸紙型4面 P

Cloth Select
Fabric Arrange

斜向裁剪的格紋布設計很新鮮

COORDINATE POINT
素雅的格紋布也能穿出時尚感，
正是因為下襬的燈籠裙襬。上衣
下襬置於裙內更顯洗練。

前‧後上裙片接縫六片下裙片。

同身片素材的斜布紋滾邊布，飄逸著
休閒風。

包覆頸部的領子設計充滿成熟風味
休閒上衣

　　柔軟且挺立的領子，是這個造型最大特點。使用稍具張力的亞麻布，突顯時尚度；若是柔軟針織布，則帶點溫柔迷人的感覺。隨著素材改變，給人印象也不同，可以多製作幾件搭配。紙型看起來很複雜，但製作其實很簡單喔！

製作方法 **P.76**　原寸紙型4面 Q

以亞麻素材打造夏天造型

COORDINATE POINT

元氣十足的白色亞麻布，展現整潔清涼的春夏穿搭。搭配窄管褲和帽子打造中性風，稍稍捲起的袖子更顯幹練。

左上／背中上部剪接布和領子部分，其實是前片變形製作而成的。左下／下襬寬鬆的圓弧線，後片長度較長。前片紮在褲子內也很有型。右／從肩膀蓬鬆立起的領形很獨特。太過柔軟或太過硬挺的素材，比較不適合本設計款式。

毛海針織素材作出溫暖的冬天服裝

COORDINATE POINT

以長長毛海針織素材製作秋冬款
式。領圍設計剛好溫暖的保護著
頸子。搭配寬褲穿出休閒造型。

使用布料

左：薄輕透亞麻素材，深藍色小圓點很俏皮。／亞麻點點布（白）寬130cm 麻
右：觸感舒適、保暖效果超好的冬天長毛海針織素材。／毛海針織布（灰色）
　　寬150cm 羊毛亞克力・Polyester・毛海

腰帶和褶襉設計展現修長腰線

褶襉寬褲

現在最流行的褲裙造型很新鮮！寬版腰帶讓整體更顯帥氣，將上衣紮於褲子內側展現洗練感。不會太過柔軟＆帶點張力的布料，製作起來更加有存在感。

製作方法 **P.78** 原寸紙型4面 R

善用素材的傳統款式展現中性風

▲▲ COORDINATE POINT

寬版腰帶褲搭配衫和綁帶鞋帥氣有型。不會太過男性風，多虧了輕盈的Chambray。

腰部大大的褶襉修飾臀部線條，作出裙子一般的造型。前面無細褶設計展現清爽感。

使用布料

清爽手感、稍厚重、垂墜度好的素材更加適合。／亞麻Chambray 寬145cm 麻

SEWING
LESSON

找到自己想要製作的款式了嗎？
不需要複雜的技術，製作方法也都很簡單。
搭配喜愛的布料試著挑戰看看吧！
LESSON 1介紹以一般布料製作連身裙的方法，
LESSON 2 介紹本書常常出現的針織布的製作方法。

縫製前必須知道的 5 個注意事項

1 備齊需要的縫製工具

雖然只要準備好基本的工具後就不會有問題，但有些便利小道具可以提升作業效率，讓作品更加完美喔！

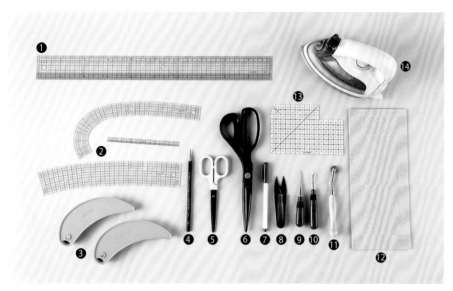

❶ **方格尺** 描繪紙型、布料畫線。
❷ **圓弧尺** 紙型描繪弧線時使用。
❸ **文鎮** 描繪紙型或裁剪布料時使用。
❹ **鉛筆** 描繪紙型使用。
❺ **紙剪** 裁剪紙型時使用。
❻ **布剪** 裁剪布料時使用。
❼ **消失筆** 布料描繪縫份線使用。
❽ **紗剪** 裁剪縫線時使用。
❾ **錐子** 整理邊角、輔助布料縫製。
❿ **拆線器** 拆除縫線時使用，直接使用剪刀可能會損害到布料。
⓫ **點線器** 布料上描繪開叉線或尖褶時使用。
⓬ **複寫紙** 搭配點線器一起使用。
⓭ **縫份燙尺** 要將下襬或袖口反摺一定寬度時，非常便利的工具。
⓮ **熨斗** 黏貼下襬或燙開縫份使用。縫製時每個步驟完成時都加以熨燙處理，讓作品整體更加完美。

2 配合布料選擇縫針和縫線

依照布料素材或厚度選擇縫針和縫線，較不易失敗。本書登場的布料也可以搭配一般布料專用的縫針和縫線，但針織布要選擇針織布專用的縫針和縫線。

一般布料

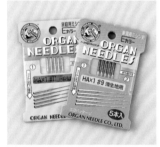

一般布料縫針使用11號，輕薄布料使用9號，厚重布料使用14號。

縫線也需搭配素材厚薄度。淺顏色布料選擇更淺色的縫線，深顏色布料選擇更深色的縫線。

針織布

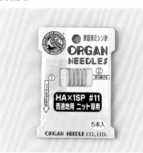

尖銳的縫針容易傷害針織布表面，所以必須選擇圓頭車縫針。

使用一般縫線車縫針織布時，布料的伸縮彈力會造成縫線斷裂，一定要選擇專用伸縮縫線。

3 整理布料

剛買的布料不論直線或橫線多少有些歪斜，裁剪前必須浸水處理。像是麻等易縮材質，經過布紋整理可以防止縫製後變形。很難浸水處理的羊毛布等，以噴水器整體噴濕之後，放進塑膠袋裡一段時間，再以熨斗熨燙處理。

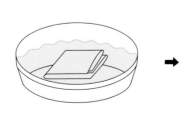

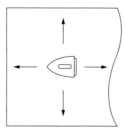

將浸水的布料輕輕脫水後，直接陰乾即可。

布料直線和橫線呈直角般以熨斗熨燙整理。

4 描繪紙型

打開原寸紙型，找到製作的紙型。因為線條複雜，為避免混淆請在紙型邊角或註明記號處作上標記。

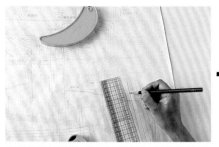

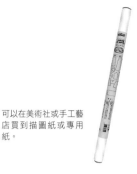

紙型上覆蓋上描圖紙，描繪需要的紙型。直線需使用直尺描繪，弧線部分使用弧線尺，慢慢移動描繪。

紙型名稱、布紋線、合印記號、褶襉全部標明後，以紙剪裁剪。

可以在美術社或手工藝店買到描圖紙或專用紙。

5 加上縫份後裁剪布料

在寬闊處展開布料，考慮所需要的縫份，並排列出最節省布料的位置。
拿下紙型前，不要忘記標明合印記號或尖褶記號。

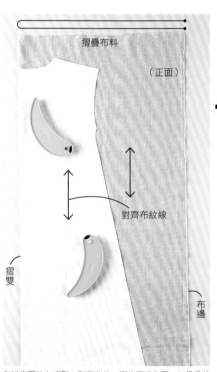

摺疊布料

（正面）

對齊布紋線

摺雙

布邊

參考裁布圖，布料上描繪縫份線。弧線部分先描繪虛線，再加以連接。

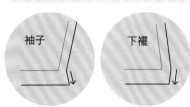

袖子　　下襬

袖口或下襬筒狀部分，避免摺疊時出現縫份不足或是過多，需依照圖式描繪。

小紙型

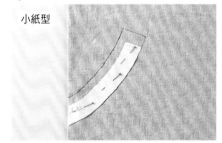

尺寸小、不易描繪的紙型，可以珠針固定避免移位。

布料表面放上紙型，對齊布紋，固定腰線位置。如果是花紋布則需考慮圖案配置再行放置。沒有方向性的布料，可以隨意穿插紙型配置。左右對稱紙型布料摺雙處理。

縫份線完成後，以布剪裁布。不可將布剪提起，要靠著桌面裁剪才不易錯位。

利用縫紉機導引線會很便利

依照裁布圖縫份尺寸，加上縫份後，再來只需要善用縫紉機導引線縫製即可，不需要描繪完成線。縫紉機如果未附導引線，可以使用紙膠帶或便利貼等代替。

寬1cm　　　寬1cm

紙膠帶

不需拉鍊的罩衫式連身裙，是最適合初學者的簡單款式。
這本書裡常常出現的後身片的開叉設計，熟記之後會非常便利喔！

	S	M	L	LL
胸圍	95 cm	101 cm	107 cm	113 cm
身長	109 cm	110 cm	111 cm	112 cm
袖長	29.5 cm	30.5 cm	31.5 cm	32.5 cm

裁布圖

☆（ ）中的數字為縫份。除指定處之外
　縫份皆為1cm。
※在 ░░░ 的位置需貼上黏著襯。

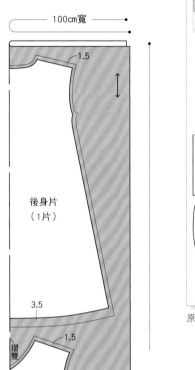

- 100cm寬
- 1.5
- 後身片（1片）
- 3.5
- 1.5
- 摺雙
- 前身片（1片）
- 3.5
- 袖子（2片）
- 6
- 摺雙　摺雙
- 前貼邊（1片）　後貼邊（1片）
- 0　0
- 100cm寬

S：280
M：280
L：290
LL：290
cm

預先準備

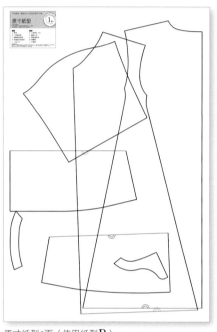

原寸紙型1面（使用紙型 B）

1 準備材料

材料：一般厚度布料（用量參考裁布圖）・黏著襯
70×40cm・一般厚度布料車縫線・釦子縫線・直徑1.3cm
釦子1個

※為容易理解說明，改變了布料與車縫線的顏色。

紙型：前身片（上側）＋前身片（下側）・後身片（上
側）後身片（下側）・袖子・前貼邊・後貼邊
★前後片紙型上下分開，請對齊記號製作紙型，裁剪布
　料。

2 裁剪布料

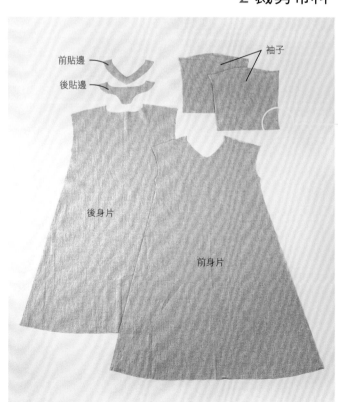

- 前貼邊
- 後貼邊
- 袖子
- 後身片
- 前身片

POINT

袖口或脇邊縫份，請參考裁
布圖處理。

布料重疊紙型，周圍加上縫
份後裁剪。袖山前後弧度不
太一樣，紙型使用時請務必
確認前後位置。

3 貼上黏著襯

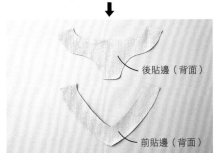

裁剪加上縫份的前後貼邊和黏著襯，貼邊背面重疊黏著襯，熨斗以中低溫熨燙。熨燙時勿滑動，一個地方約按壓10秒左右加以固定。放置勿移動，一旦冷卻就可黏合。

後貼邊（背面）

前貼邊（背面）

4 描繪後面開叉記號

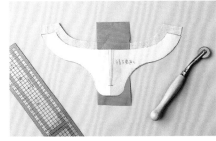

貼上黏著襯後，在黏著襯上作上開叉記號。紙型如右圖畫上縫線，重疊至貼邊上，包夾複寫紙，以點線器描繪，請勿裁剪。

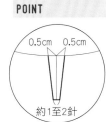

POINT

0.5cm　0.5cm

約1至2針

5 熨燙下襬和袖口褶線

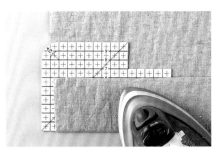

筒狀縫製後較不容易製作褶線，先沿完成線製作褶線。以縫份燙尺熨燙製作更加便利。

（袖口：1至5cm 下襬：1至2.5cm）

縫製順序

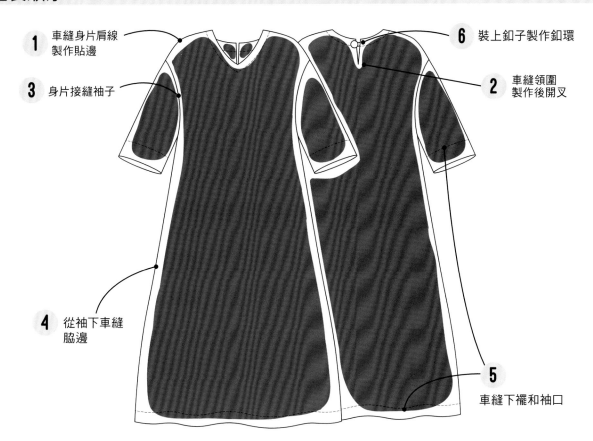

1 車縫身片肩線 製作貼邊

3 身片接縫袖子

4 從袖下車縫 脅邊

6 裝上釦子製作釦環

2 車縫領圍 製作後開叉

5 車縫下襬和袖口

1 車縫身片肩線 製作貼邊

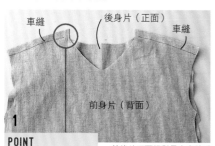

車縫　後身片（正面）　車縫

前身片（背面）

1

前後身片正面相對疊合車縫肩線。袖側車縫至布端，領圍側車縫至完成線即可。如果車縫至端端，車縫領圍時會無法展開縫份。

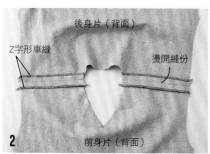

後身片（背面）

Z字形車縫　　燙開縫份

前身片（背面）

2

燙開肩膀縫份，布端進行Z字形車縫。

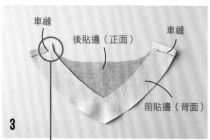

車縫　後貼邊（正面）　車縫

前貼邊（背面）

3

前後貼邊正面相對疊合車縫肩線。身片以相同方法製作，領圍側車縫至完成線為止。

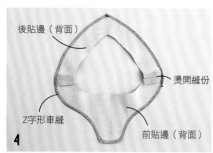

後貼邊（背面）

燙開縫份

Z字形車縫　　前貼邊（背面）

4

周圍邊端進行Z字形車縫。

2 車縫領圍 製作後開叉

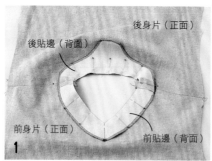

後身片（正面）

後貼邊（背面）

前身片（正面）　前貼邊（背面）

1

前後身片和貼邊領圍部分正面相對疊合，以珠針固定。前中心、後中心、肩線4個點先固定，中間再以珠針固定。

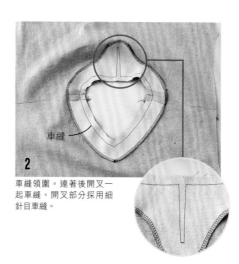

車縫

2

車縫領圍。連著後開叉一起車縫。開叉部分採用細針目車縫。

3

後開叉剪牙口

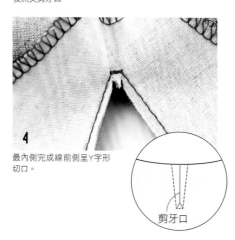

4

最內側完成線前側呈Y字形切口。

剪牙口

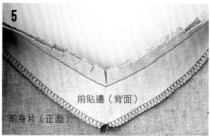

5

前貼邊（背面）

前身片（正面）

領圍縫份也剪牙口至完成線前側。

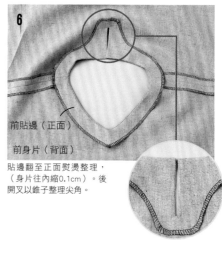

6

前貼邊（正面）

前身片（背面）

貼邊翻至正面熨燙整理，（身片往內縮0.1cm）。後開叉以錐子整理尖角。

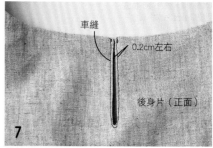

車縫

0.2cm左右

後身片（正面）

7

從表面後開叉部分壓線。

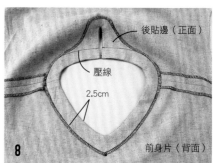

後貼邊（正面）

壓線

2.5cm

前身片（背面）

8

為穩定貼邊，領圍2.5cm處背面壓線。

3 身片接縫袖子

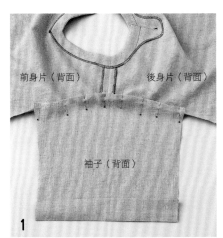

1

前後片的袖襱和袖子正面相對疊合，以珠針固定。首先固定袖山和肩線，再來兩端，最後平均固定即可。

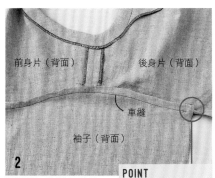

2

車縫袖襱。注意袖下位置，兩端車縫至完成線為止。

POINT

止縫點

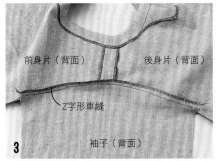

3

身片和袖子縫份，兩片一起進行Z字形車縫，（這裡車縫至布端）縫份倒向袖側。

4 從袖下車縫脇邊

POINT

袖口
1cm
袖子（背面）
車縫

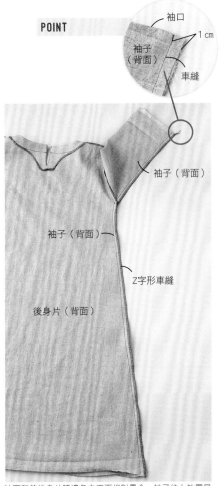

袖子（背面）

袖子（背面）

Z字形車縫

後身片（背面）

袖下和前後身片脇邊各自正面相對疊合，袖子往上放置展開脇邊下部分，車縫袖下至脇邊。縫份兩片一起進行Z字形車縫，縫份倒向後側。

5 車縫下襱和袖口

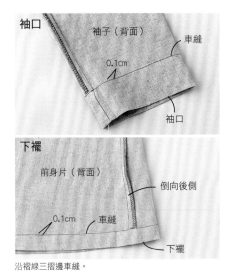

袖口
袖子（背面）
車縫
0.1cm
袖口

下襱
前身片（背面）
倒向後側
0.1cm　車縫
下襱

沿褶線三摺邊車縫。

6 裝上釦子製作釦環

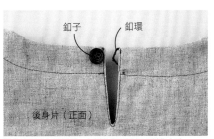

釦子　釦環

後身片（正面）

後身片開叉左側釦子，右側參考下圖釦環製作方法。

釦環製作方法

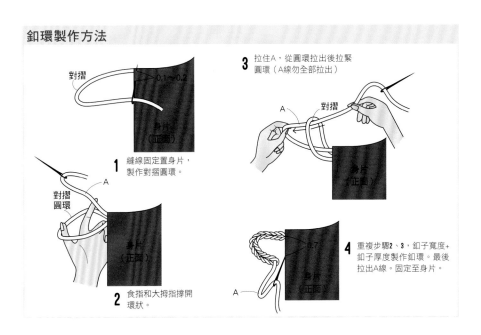

對摺
0.1~0.2
身片（正面）

1 縫線固定置身片，製作對摺圓環。

對摺圓環
A

2 食指和大拇指撐開環狀。

身片（正面）

3 拉住A，從圓環拉出後拉緊圓環（A線勿全部拉出）

對摺
A

身片（正面）

4 重複步驟2、3，釦子寬度+釦子厚度製作釦環。最後拉出A線。固定至身片。

0.7
A

身片（正面）

製作剪接設計連身裙(P12)

大家也許都覺得針織布難度太高，不敢開始製作吧？只要選擇正確的縫針和縫線，和一般布料的車縫方法沒什麼不同。剪接布料為一般布料時，可以直接使用針織專用縫針縫製。

	S	M	L	LL
胸圍	104 cm	110 cm	116 cm	122 cm
衣長	104 cm	105 cm	106 cm	107 cm

裁布圖
☆（ ）中的數字為縫份。除指定處之外，
　縫份皆為1cm。
※在 ▨▨▨ 的位置需貼上黏著襯。

針織布

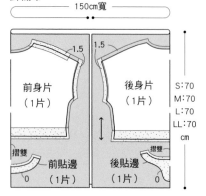

- 150cm寬
- 1.5　1.5
- 前身片（1片）
- 後身片（1片）
- S:70　M:70　L:70　LL:70　cm
- 摺雙
- 前貼邊（1片）　0
- 後貼邊（1片）　0
- 摺雙

一般布料

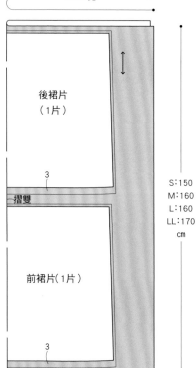

- 138cm寬
- 後裙片（1片）
- 3
- 摺雙
- S:150　M:160　L:160　LL:170　cm
- 前裙片（1片）
- 3

預先準備

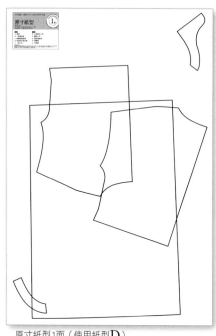

原寸紙型1面（使用紙型**D**）

紙型：前身片・後身片・前裙片・後裙片・前貼邊・
　　　後貼邊。

1 準備材料

材料：針織布（用量參考裁布圖）・針織布黏著襯70×40cm・一般厚度布料車縫線・針織布車縫線・釦子縫線・直徑1.3cm釦子1個

※為容易理解說明，改變了布料與車縫線的顏色。

POINT

針織布黏著襯

有伸縮性的針織布黏著襯。橫向和直向伸縮度不同，請依照黏貼位置分別使用。

2 裁剪布料

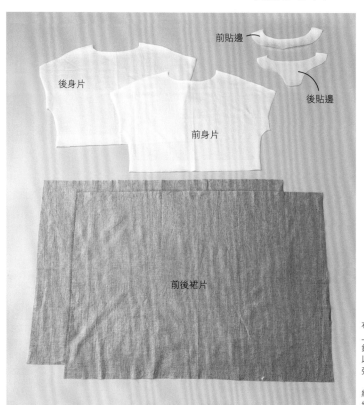

- 前貼邊
- 後身片
- 後貼邊
- 前身片
- 前後裙片

布料重疊紙型，周圍附上縫份後裁剪。身片的針織布邊較易捲曲，請以珠針加以固定，或強力夾也可以。袖襱（1.5cm）和身片反摺線、下襬線3cm製作褶線。

3 貼上黏著襯

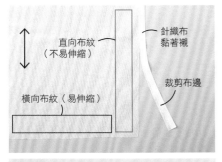

直向布紋
（不易伸縮）

針織布
黏著襯

裁剪布邊

橫向布紋（易伸縮）

POINT

針織布黏著襯。直向布紋不易伸縮，橫向布紋易伸縮。像
是肩膀不可變形，需採用直向布紋，腰線採橫向布紋。

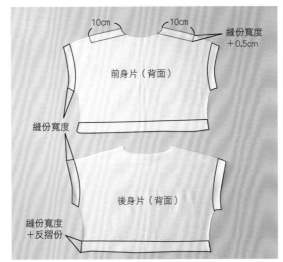

10cm　　　10cm　　縫份寬度
+0.5cm

前身片（背面）

縫份寬度

後身片（背面）

縫份寬度
+反摺份

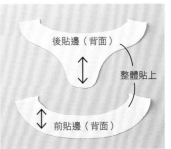

後貼邊（背面）

整體貼上

前貼邊（背面）

參考圖片上貼上黏著襯，避免縫製時變形，只有
肩線寬度較寬。但為避免太過厚重，只有前片
肩線黏著襯。貼邊則全部貼上。

針織布
黏著襯

後身片（背面）

準備長一點的黏著襯，沿著
弧線慢慢黏貼，裁剪多餘部
分。每一處約按壓10秒左
右，還未冷卻時請勿移動，
等完全散熱後即固定。

縫製順序

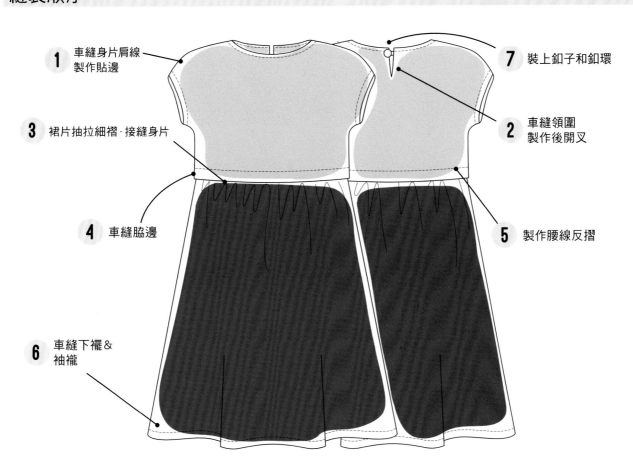

1 車縫身片肩線
製作貼邊

3 裙片抽拉細褶·接縫身片

4 車縫脇邊

6 車縫下襬&
袖襬

7 裝上釦子和釦環

2 車縫領圍
製作後開叉

5 製作腰線反摺

1 車縫身片肩線製作貼邊

參考P.44①身片和貼邊肩線各自車縫，處理縫份。貼邊貼上黏著襯。切記重新描繪後開叉位置。

2 車縫領圍製作後開叉

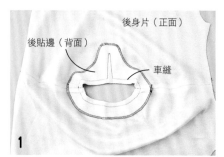

1
身片和貼邊正面相對疊合，參考P.44縫製領圍。

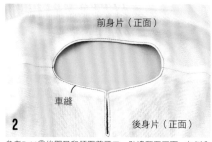

2
參考P.44②後開叉和領圍剪牙口，貼邊翻至正面。加以內縮熨燙，領圍和後開叉一起壓線。

POINT

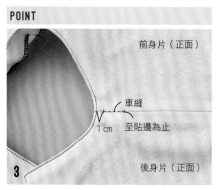

3
為穩定肩線，如圖片所示落針縫。

3 裙片抽拉細褶‧接縫身片

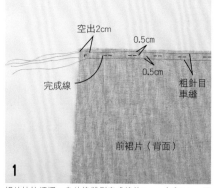

1
裙片抽拉細褶。身片接縫側完成線的0.5cm上和0.5cm下側，車縫兩條粗針目縫線。從兩脇布端空出2cm車縫。車縫完成後，無需打結預留多一點縫線。可以使用光滑的針織縫線。

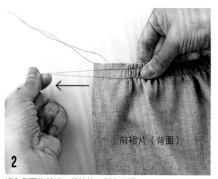

2
裙內側兩條縫線一起抽拉，製作細褶。

3
身片寬度和裙片寬度加以調整。

4
兩粗針目車縫線兩端打結，整體均勻抽拉細褶。

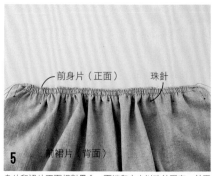

5
身片和裙片正面相對疊合，兩端和中央以珠針固定，並平均固定間隔。

6
車縫完成線。避免細褶歪斜以珠針固定，並善用錐子輔助車縫。

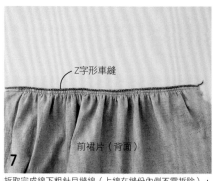

7
拆取完成線下粗針目縫線（上線在縫份內側不需拆除），縫份兩片一起進行Z字形車縫。縫份倒向身片側。
※後身片和後裙片以相同方法製作。

4 車縫脇邊

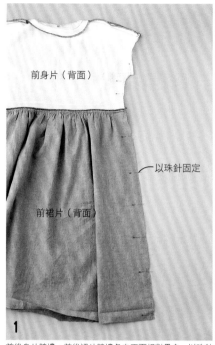

前身片（背面）

以珠針固定

前裙片（背面）

1

前後身片脇邊、前後裙片脇邊各自正面相對疊合，以珠針
固定。

POINT

前身片（背面）

車縫

前裙片（背面）

2

車縫脇邊。摺疊袖襱縫份為
避免移位，布端1cm外側車
縫。縫份兩片一起進行Z字
形車縫，倒向後側。

5 製作腰線反摺

前身片（正面）

反摺線

前裙片（正面）

1

翻至正面，確認腰線反摺線。

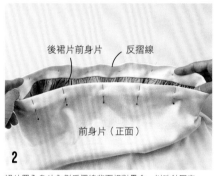

後裙片前身片　反摺線

前身片（正面）

2

裙片置入身片內側反摺線背面相對疊合，以珠針固定。

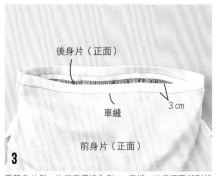

後身片（正面）

車縫　　3 cm

前身片（正面）

3

看著身片側，比起反摺線內側3cm車縫。注意不要縫到縫
份。

前身片（正面）

前裙片（正面）

4

翻出裙片，反摺部分倒向下側。

6 下襱＆袖襱正面相對
疊合車縫，車縫肩線

袖襱

Z字形車縫

車縫

前身片（背面）

1

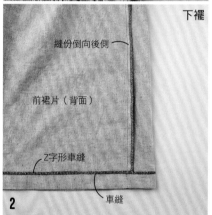

下襱

縫份倒向後側

前裙片（背面）

Z字形車
縫

車縫

2

縫份進行Z字形車縫。完成線二摺邊車縫。

7 裝上釦子和釦環

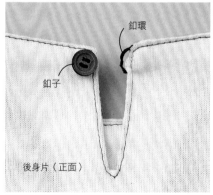

釦環

釦子

後身片（正面）

後開叉左側接縫釦子，右側依照P.45釦環製作方法製作。

TOPS

立領罩衫
PHOTO_P.14-15　HOW TO MAKE_P.**54**

ONE-PIECE

V領連身裙
PHOTO_P.8-9　HOW TO MAKE_P.**42**

剪接設計連身裙
PHOTO_P.12-13　HOW TO MAKE_P.**46**

寬鬆連身裙
PHOTO_P.17　HOW TO MAKE_P.**58**

荷葉邊連身裙（五分袖・短袖）
PHOTO_P.22-25　HOW TO MAKE_P.**64**

設計領連身裙
PHOTO_P.28-29　HOW TO MAKE_P.**66**

細褶連身裙
PHOTO_P.30-31　HOW TO MAKE_P.**68**

翻領上衣
PHOTO_P.16　HOW TO MAKE_P.**56**

V領上衣
PHOTO_P.18-19　HOW TO MAKE_P.**60**

荷葉邊上衣（五分袖・短袖）
PHOTO_P.26-27　HOW TO MAKE_P.**64**

垂墜上衣
PHOTO_P.32　HOW TO MAKE_P.**70**

長版背心
PHOTO_P.33　HOW TO MAKE_P.**72**

休閒上衣
PHOTO_P.36-37　HOW TO MAKE_P.**76**

BOTTOMS

寬褲
PHOTO_P.6-7　HOW TO MAKE_P.**80**

蝴蝶結裝飾裙
PHOTO_P.10-11　HOW TO MAKE_P.**52**

褶襴裙
PHOTO_P.18-19　HOW TO MAKE_P.**53**

休閒褲
PHOTO_P.20-21　HOW TO MAKE_P.**62**

燈籠裙
PHOTO_P.34-35　HOW TO MAKE_P.**74**

褶襴寬褲
PHOTO_P.38　HOW TO MAKE_P.**78**

HOW TO MAKE

※除了部分直線繪製的紙型之外，全部作品均有附原寸紙型。參考
製作頁面的尺寸圖，製作紙型，或直接描繪至布料上。

※布料用量，依照裁布圖尺寸。當布寬不同時，使用量也會改變。
使用印花布或有方向性的素材，注意需預留多一點分量。

※鎌倉SWANY的作法，通常是車縫基本的完成線後，再來處理布
邊，以防止布料伸縮。但如果縫份寬度太窄或太難車縫，也會先
處理布邊。

・圖中數字單位為cm。

尺寸（cm）

	S	M	L	LL
胸圍	78	84	90	96
腰圍	60	66	72	78
臀圍	86	92	98	104

模特兒身高167cm，穿著尺寸為M。請參考P.24及P.26調整紙型大小。

紙型記號

完成線	————————	作品縫製線。
摺雙	— — — — —	為了沿重疊紙型中心線左右對稱裁剪，對摺布料的褶線處。
布紋線	←——————→	布邊左右處，直向即為布紋線。布料布紋線必須和紙型布紋線一致。
貼邊線	— ・ — ・ — ・ —	紙型沒有分開製作，請直接摺疊身片前端或袖口等，即為貼邊線。展開貼邊份直接裁剪。
對齊記號	⊖ → ⊙	長度較長的褲子分為上下記載時，對齊兩邊記號紙型，一起裁剪布料。
合印記號	● ⊃ ▽	對齊布料，避免錯移的引導記號。若有兩組以上，會標示不同的記號，請分別仔細繪製。
褶襇		摺疊布料製作褶子。從表面看布料的樣子，斜線從上往下摺疊。
尖褶		配合身體自然的立體感。沿V形線車縫，為避免尖端過於厚重，不需回針縫，直接打結處理。

蝴蝶結裝飾裙

完成尺寸

	S	M	L	LL
腰圍 (鬆緊帶)	64cm	70cm	76cm	82cm
裙長	88cm	88cm	88cm	88cm

材料

・條紋布　表布（棉麻）…寬115cm×200cm
・灰布　表布（棉）…寬110cm×200cm
　黏著襯…各15cm四方形
　寬2cm鬆緊帶…各70至90cm

作法

※腰圍L形部分（4處）貼上黏著襯（四方形5cm）

1 … 車縫前中央・後中央

2 … 車縫腰圍・穿過鬆緊帶
　　　（鬆緊帶穿法請參考P.53的 **4**）

3 … 製作綁繩・接縫

4 … 車縫下襬（參考完成圖）

原寸紙型**1**面
（使用紙型C）

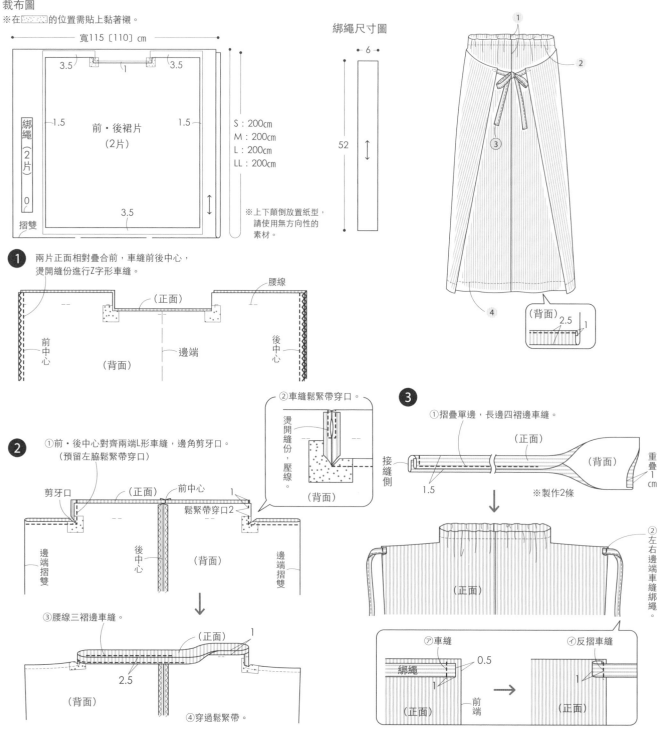

裁布圖
※在▨▨▨的位置需貼上黏著襯。

綁繩尺寸圖

寬115〔110〕cm

前・後裙片
（2片）

綁繩（2片）

摺雙

S：200cm
M：200cm
L：200cm
LL：200cm

※上下顛倒放置紙型，
請使用無方向性的
素材。

1 兩片正面相對疊合前，車縫前後中心，
燙開縫份進行Z字形車縫。

腰線
（正面）
前中心
（背面）
邊端
後中心

2 ①前・後中心對齊兩端L形車縫，邊角剪牙口。
（預留左脇鬆緊帶穿口）

剪牙口
（正面）
前中心
鬆緊帶穿口2
邊端摺雙
後中心
（背面）
邊端摺雙

②車縫鬆緊帶穿口。
燙開縫份，壓線。
（背面）

③腰線三褶邊車縫。
（正面）
2.5
（背面）
④穿過鬆緊帶。

3 ①摺疊單邊，長邊四褶邊車縫。
（正面）
接縫側
1.5
（背面）
重疊1cm
※製作2條

②左右邊端車縫綁繩。
（正面）

⑦車縫
0.5
綁繩
1
（正面）
前端
⑦反摺車縫
1
（正面）

（背面）
2.5
1

褶襉裙

完成尺寸

	S	M	L	LL
腰圍 （鬆緊帶）	64cm	70cm	76cm	82cm
裙長	78cm	78cm	78cm	78cm

材料

・藍色布　表布（麻）…寬138cm×190cm
・格紋布　表布（棉麻）…寬110cm×190cm
　寬2.5cm鬆緊帶…各70至90cm

作法

1… 車縫脇邊（參照P.74的步驟**1**）
2… 上端進行Z字形車縫
3… 車縫褶子
4… 接縫襯布・穿入鬆緊帶
5… 車縫下襬（參考完成圖）

原寸紙型**2**面
（使用紙型H）

裁布圖

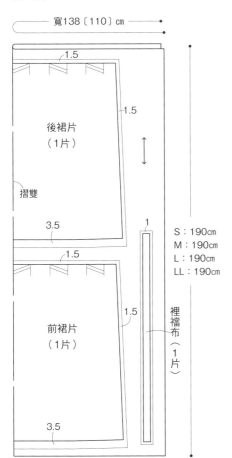

寬138〔110〕cm

1.5

1.5

後裙片
（1片）

摺雙

3.5

1.5

1.5

前裙片
（1片）

3.5

S：190cm
M：190cm
L：190cm
LL：190cm

裡襯布（1片）

裡襯布尺寸圖

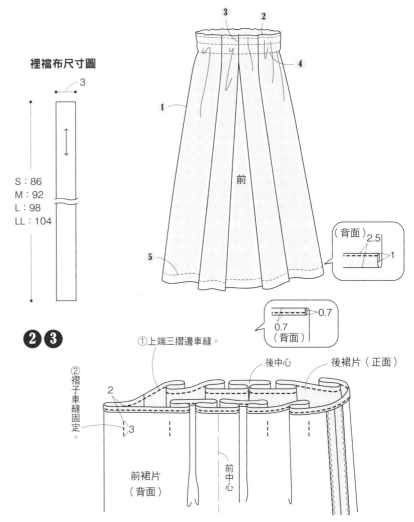

3

S：86
M：92
L：98
LL：104

2 **3**

①上端三摺邊車縫。
②褶子車縫固定。

後中心　　後裙片（正面）

2
3

前裙片（背面）　前中心

（背面）2.5　1

0.7
0.7（背面）

3

1 前

5

4

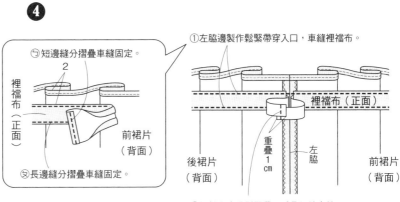

㋑短邊縫分摺疊車縫固定。

2

裡襯布（正面）

㋺長邊縫分摺疊車縫固定。

前裙片（背面）

①左脇邊製作鬆緊帶穿入口，車縫裡襯布。

裡襯布（正面）

後裙片（背面）　重疊1cm　左脇　前裙片（背面）

②裡襯布穿過鬆緊帶，重疊兩端車縫。

立領罩衫

完成尺寸

	S	M	L	LL
胸圍	114cm	120cm	126cm	132cm
衣長	54cm	55cm	56cm	57cm

材料

・白布　表布（麻）…寬145cm×120至130cm
・粉紅布　表布（麻）…寬130cm×120至130cm
　黏著襯…各50×30cm
　直徑2cm釦子…各1個

作法

※表領・後下襬貼邊貼上黏著襯

1… 車縫肩尖褶
2… 車縫後中央・開叉
3… 車縫肩線
4… 製作領子
5… 接縫領子
6… 車縫脇邊
7… 接縫後下襬貼邊・車縫下襬
8… 車縫袖口
9… 製作釦眼・裝上釦子

原寸紙型2面
（使用紙型E）

裁布圖

☆中的數字為縫份。除指定處之外，縫份皆為1cm。
※在▨▨▨的位置需貼上黏著襯。

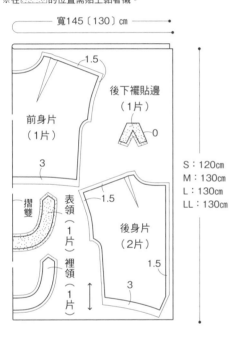

寬145〔130〕cm

前身片
（1片）

後下襬貼邊
（1片）

1.5

3

0

摺雙

表領（1片）

裡領（1片）

後身片
（2片）

1.5

1.5

3

S：120cm
M：130cm
L：130cm
LL：130cm

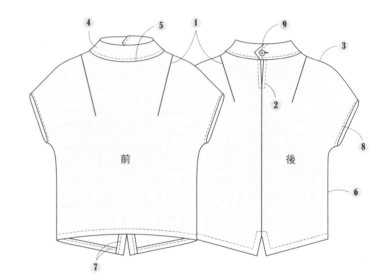

前

後

❶

（正面）

①正面相對疊合，從肩線朝著尖褶車縫。

前身片
（背面）

②尖褶倒向中央側熨燙整理。

※後身片依相同方法製作。

❷

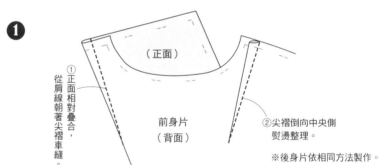

後身片（正面）

止縫點

②燙開縫份進行Z字形車縫。

①後身片兩片正面相對疊合，車縫至領側，下襬車縫至完成線。

後身片
（背面）

③開口壓裝飾線。

後身片
（背面）

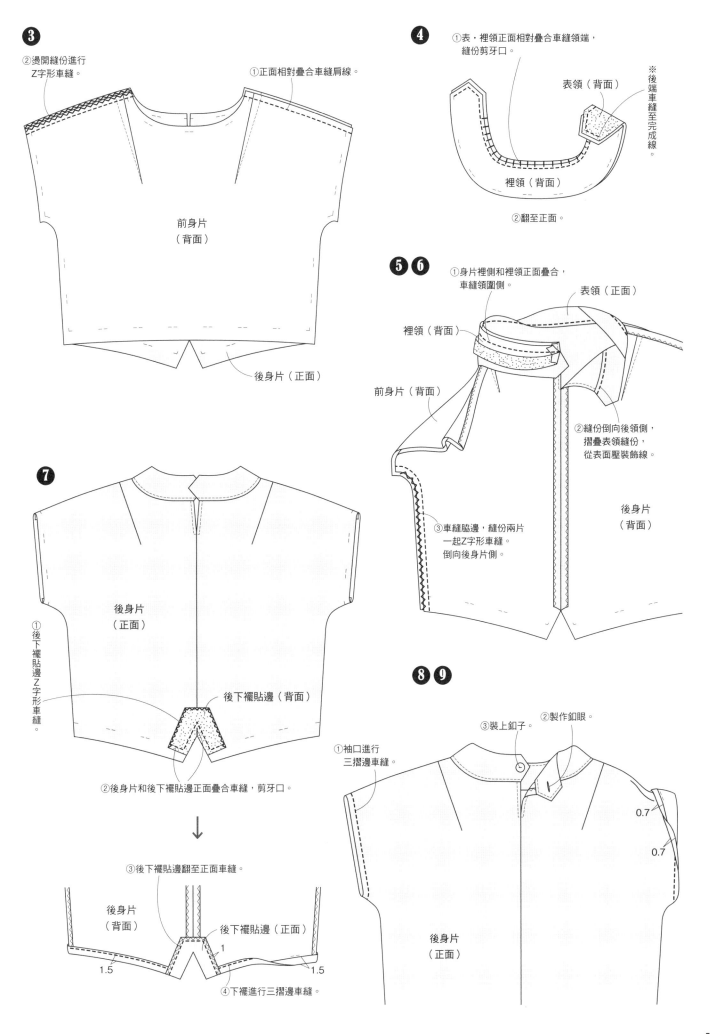

❸

②燙開縫份進行
　Z字形車縫。

①正面相對疊合車縫肩線。

前身片
（背面）

後身片（正面）

❹

①表・裡領正面相對疊合車縫領端，
　縫份剪牙口。

表領（背面）

裡領（背面）

※後端車縫至完成線。

②翻至正面。

❺❻

①身片裡側和裡領正面疊合，
　車縫領圍側。

表領（正面）

裡領（背面）

前身片（背面）

②縫份倒向後領側，
　摺疊表領縫份，
　從表面壓裝飾線。

後身片
（背面）

③車縫脇邊，縫份兩片
　一起Z字形車縫。
　倒向後身片側。

❼

後身片
（正面）

①後下襬貼邊Z字形車縫。

後下襬貼邊（背面）

②後身片和後下襬貼邊正面疊合車縫，剪牙口。

↓

③後下襬貼邊翻至正面車縫。

後身片
（背面）

後下襬貼邊（正面）

1

1.5

1.5

④下襬進行三摺邊車縫。

❽❾

③裝上釦子。

②製作釦眼。

①袖口進行
　三摺邊車縫。

0.7

0.7

後身片
（正面）

翻領上衣

完成尺寸

	S	M	L	LL
胸圍	100cm	106cm	112cm	118cm
衣長	82cm	83cm	84cm	85cm

材料
表布（麻）…寬138cm×190至200cm
黏著襯…40cm四方形

作法
※前・後貼邊貼上黏著襯
1… 車縫前身片中央
2… 車縫肩線
3… 製作貼邊
4… 車縫領圍
5… 車縫袖口
6… 車縫脇邊
7… 車縫下襬（參考完成圖）

原寸紙型2面
（使用紙型F）

裁布圖
☆中的數字為縫份。除指定處之外，縫份皆為1cm。
※在 ▨▨▨ 的位置需貼上黏著襯。

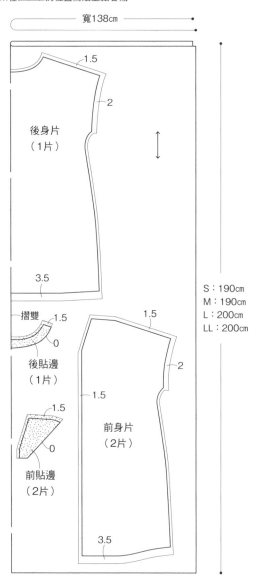

寬138cm

1.5
2
後身片
（1片）
3.5
摺雙 1.5
0
後貼邊
（1片）
1.5
1.5
2
前貼邊
（2片）
1.5
0
前身片
（2片）
3.5

S：190cm
M：190cm
L：200cm
LL：200cm

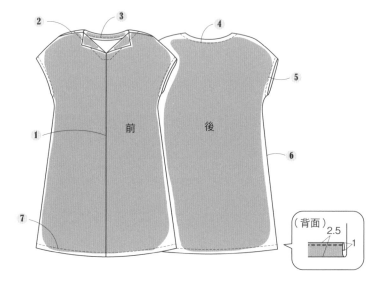

前　後

（背面）
2.5
1

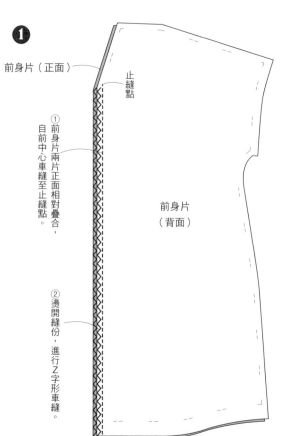

❶

前身片（正面）

止縫點

①前身片兩片正面相對疊合，自前中心車縫至止縫點。

②燙開縫份，進行Z字形車縫。

前身片
（背面）

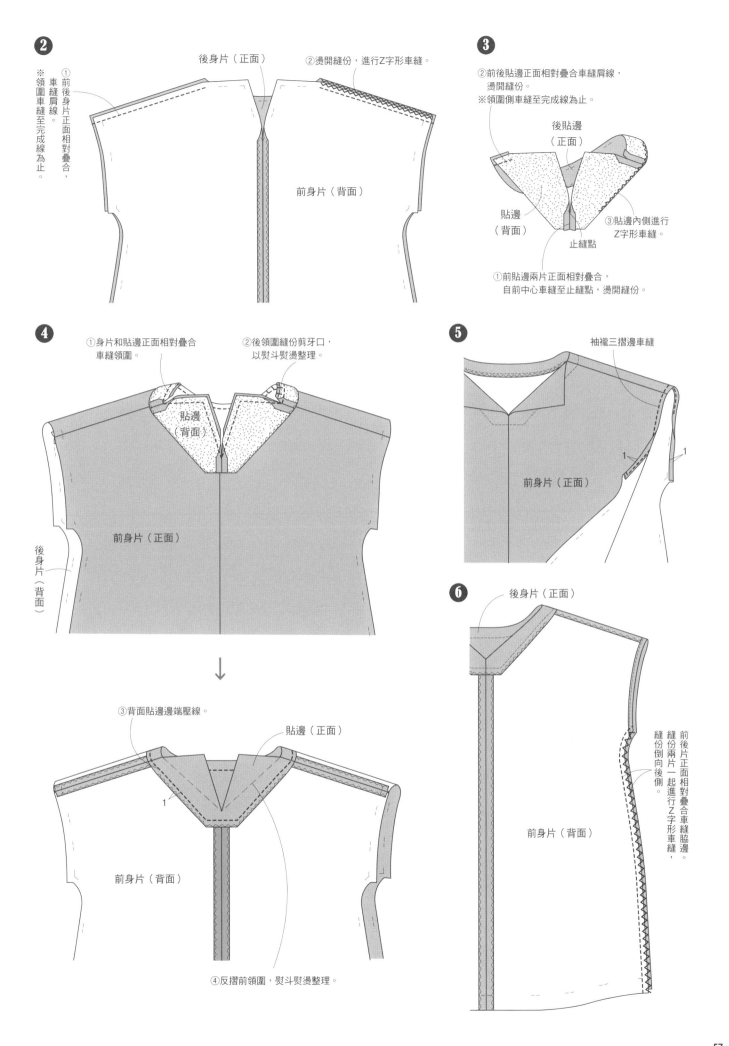

❷

※領圍車縫至完成線為止。

① 前後身片正面相對疊合，車縫肩線。

後身片（正面）

② 燙開縫份，進行Z字形車縫。

前身片（背面）

❸

② 前後貼邊正面相對疊合車縫肩線，燙開縫份。
※領圍側車縫至完成線為止。

後貼邊（正面）

貼邊（背面）

止縫點

③ 貼邊內側進行Z字形車縫。

① 前貼邊兩片正面相對疊合，自前中心車縫至止縫點，燙開縫份。

❹

① 身片和貼邊正面相對疊合車縫領圍。

② 後領圍縫份剪牙口，以熨斗熨燙整理。

貼邊（背面）

前身片（正面）

後身片（背面）

③ 背面貼邊邊端壓線。

貼邊（正面）

1

前身片（背面）

④ 反摺前領圍，熨斗熨燙整理。

❺

袖襱三摺邊車縫

前身片（正面）

1

1

❻

後身片（正面）

前身片（背面）

前後片正面相對疊合車縫脇邊。縫份兩片一起進行Z字形車縫，縫份倒向後側。

寬鬆連身裙

完成尺寸

	S	M	L	LL
胸圍	102cm	108cm	114cm	120cm
衣長	107cm	108cm	109cm	110cm
袖長	44cm	45cm	46cm	47cm

材料

表布a（棉麻）…寬110cm×210至220cm
表布b（棉麻）…寬110cm×130至140cm
黏著襯…10×80cm
直徑1.5cm釦子…7個

作法

※後下身片貼邊貼上黏著襯

1… 車縫前片褶襉
2… 車縫肩線
3… 車縫領圍
4… 車縫後身片上下
5… 車縫脇邊（參考P.77 **5**）
6… 車縫下襬
7… 製作袖子
8… 身片接縫袖子
9… 製作釦眼‧裝上釦子

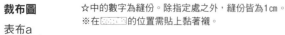

原寸紙型**2**面
（使用紙型G）

★前後身片上下紙型分開
 的，請對齊記號製作紙
 型，裁剪布料。
★裁布圖＊的部分，紙型
 的貼邊摺雙展開製作。

裁布圖

☆中的數字為縫份。除指定處之外，縫份皆為1cm。
※在　　　的位置需貼上黏著襯。

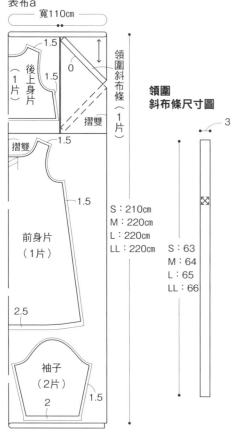

表布a

寬110cm

後上身片（1片）　1.5　1.5　0
領圍斜布條（1片）　摺雙
摺雙　1.5
前身片（1片）　1.5
2.5
袖子（2片）　2　1.5

領圍斜布條尺寸圖

3

S：210cm
M：220cm
L：220cm
LL：220cm

S：63
M：64
L：65
LL：66

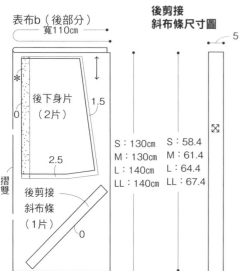

表布b（後部分）

寬110cm

後下身片（2片）　1.5　0　＊
2.5
摺雙
後剪接斜布條（1片）　0

後剪接斜布條尺寸圖

5

S：130cm
M：130cm
L：140cm
LL：140cm

S：58.4
M：61.4
L：64.4
LL：67.4

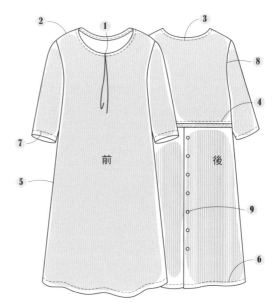

前　後

2　1　3
8
4
7
5
9
6

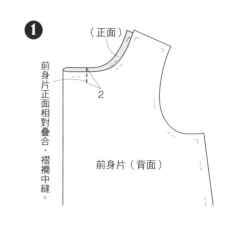

❶

（正面）

前身片正面相對疊合，褶襉中縫。

2

前身片（背面）

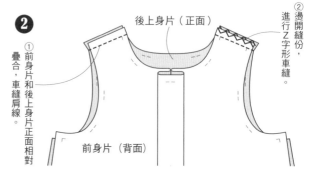

❷

後上身片（正面）

②燙開縫份，進行Z字形車縫。

①前身片和後上身片正面相對疊合，車縫肩線。

前身片正面相對疊合，車縫肩線。

前身片（背面）

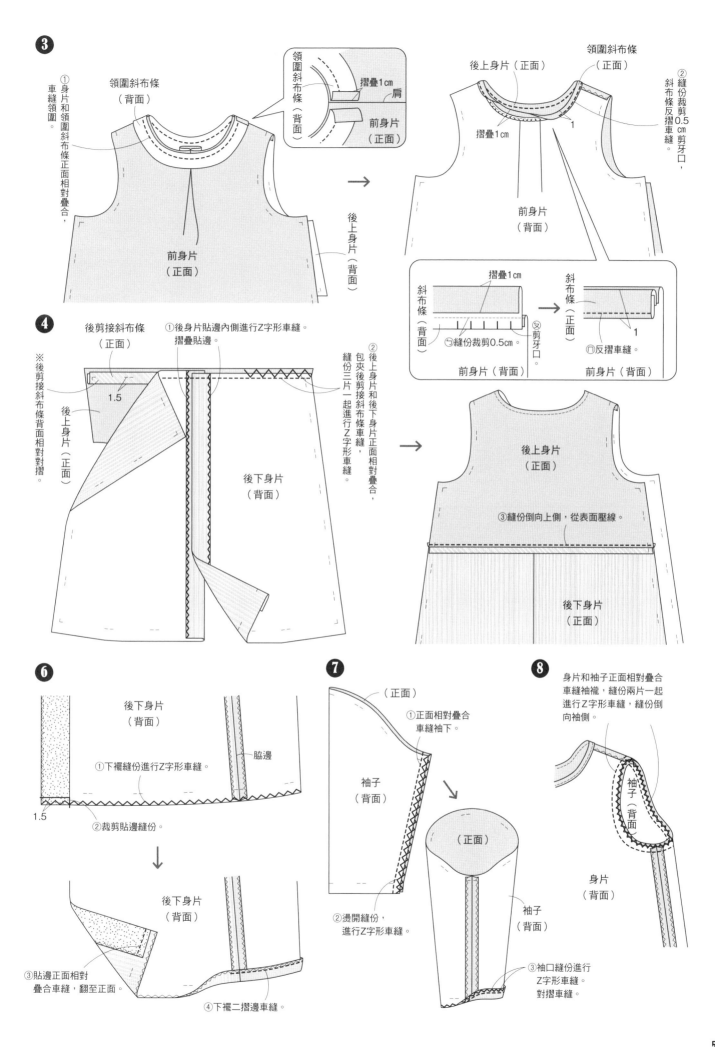

❸
①身片和領圍斜布條正面相對疊合，車縫領圍。

領圍斜布條（背面）

領圍斜布條（背面）
摺疊1cm
肩
前身片（正面）

前身片（正面）

後上身片（背面）

後上身片（正面）
領圍斜布條（正面）
②縫份裁剪0.5cm，斜布條反摺車縫，剪牙口。

摺疊1cm

1

前身片（背面）

摺疊1cm
斜布條（背面）
⊟縫份裁剪0.5cm。
⊗剪牙口。
前身片（背面）

斜布條（正面）
1
⊡反摺車縫。
前身片（背面）

❹
※後剪接斜布條背面相對對摺。

後剪接斜布條（正面）
①後身片貼邊內側進行Z字形車縫。摺疊貼邊。

1.5

後上身片（正面）

後下身片（背面）

②後上身片和後下身片正面相對疊合，包夾後剪接斜布條車縫，縫份三片一起進行Z字形車縫。

後上身片（正面）

③縫份倒向上側，從表面壓線。

後下身片（正面）

❻
後下身片（背面）

①下襬縫份進行Z字形車縫。

脇邊

1.5
②裁剪貼邊縫份。

後下身片（背面）

③貼邊正面相對疊合車縫，翻至正面。

④下襬二摺邊車縫。

❼
（正面）

①正面相對疊合車縫袖下。

袖子（背面）

（正面）

②燙開縫份，進行Z字形車縫。

袖子（背面）

③袖口縫份進行Z字形車縫。對摺車縫。

❽
身片和袖子正面相對疊合車縫袖襱，縫份兩片一起進行Z字形車縫，縫份倒向袖側。

袖子（背面）

身片（背面）

V領上衣

完成尺寸

	S	M	L	LL
胸圍	116cm	122cm	128cm	134cm
衣長	67cm	68cm	69cm	70cm
袖長	31cm	33cm	34cm	35cm

材料

表布（麻）…寬150cm×120至130cm
黏著襯…40×30cm

作法
※後領・袖口貼邊貼上黏著襯
1… 後身片接縫後領
2… 車縫前中心
3… 車縫肩線
4… 製作領貼邊・接縫身片
5… 車縫脇邊
6… 製作袖子
7… 身片接縫袖子
8… 車縫下襬

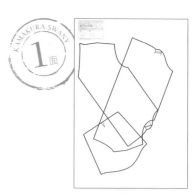

原寸紙型**1**面
（使用紙型I）

★裁布圖＊的部分，紙型
的貼邊摺雙展開製作。

裁布圖

☆中的數字為縫份。除指定處之外，縫份皆為1cm。
※在▨的位置需貼上黏著襯。

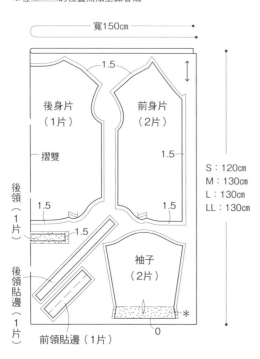

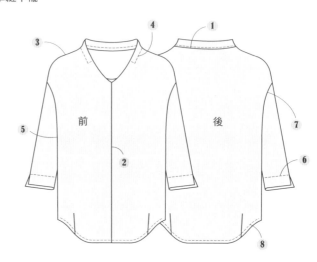

1

後領和後身片正面相對疊合，
縫份倒向後領側。

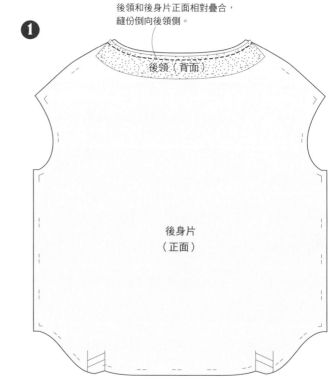

後領尺寸圖

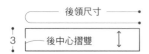

前領貼邊尺寸圖

S：23.8
M：24.2
L：24.8
LL：25.2

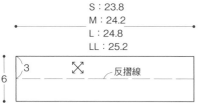

後領貼邊尺寸圖

S：48.2
M：49
L：49.6
LL：50

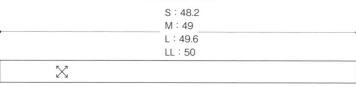

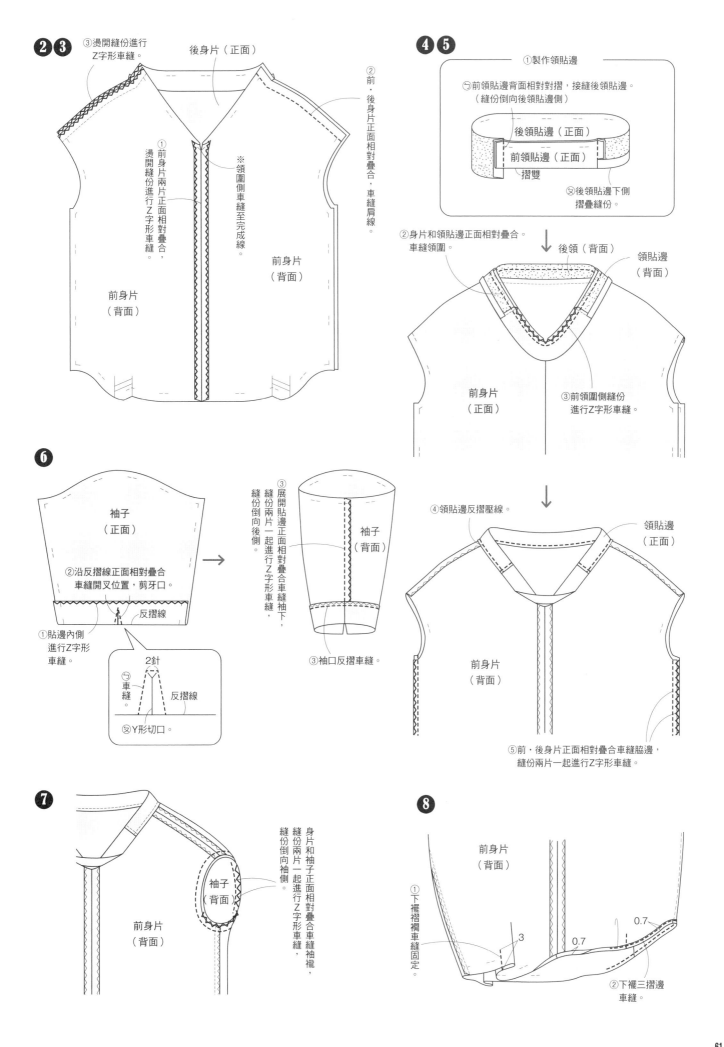

❷❸

③燙開縫份進行
Z字形車縫。

後身片（正面）

②
前
‧
後
身
片
正
面
相
對
疊
合
，
車
縫
肩
線
。

①
前
身
片
兩
片
正
面
相
對
疊
合
，
燙
開
縫
份
進
行
Z
字
形
車
縫
。

※
領
圍
側
車
縫
至
完
成
線
。

前身片
（背面）

前身片
（背面）

❹❺

①製作領貼邊

⊃前領貼邊背面相對對摺，接縫後領貼邊。
（縫份倒向後領貼邊側）

後領貼邊（正面）

前領貼邊（正面）

摺雙

⊗後領貼邊下側
摺疊縫份。

②身片和領貼邊正面相對疊合。
車縫領圍。

後領（背面）

領貼邊
（背面）

前身片
（正面）

③前領圍側縫份
進行Z字形車縫。

④領貼邊反摺壓線。

領貼邊
（正面）

前身片
（背面）

⑤前‧後身片正面相對疊合車縫脇邊，
縫份兩片一起進行Z字形車縫。

❻

袖子
（正面）

③
展
開
貼
邊
正
面
相
對
疊
合
車
縫
袖
下
，
縫
份
兩
片
一
起
進
行
Z
字
形
車
縫
，
縫
份
倒
向
後
側
。

袖子
（背面）

②沿反摺線正面相對疊合
車縫開叉位置，剪牙口。

反摺線

①貼邊內側
進行Z字形
車縫。

2針

⊃車縫。

反摺線

⊗Y形切口。

③袖口反摺車縫。

❼

袖子
背面

身
片
和
袖
子
正
面
相
對
疊
合
車
縫
袖
襱
，
縫
份
兩
片
一
起
進
行
Z
字
形
車
縫
，
縫
份
倒
向
袖
側
。

前身片
（背面）

❽

前身片
（背面）

①
下
襬
摺
襉
車
縫
固
定
。

3

0.7

0.7

②下襬三摺邊
車縫。

休閒褲

完成尺寸

	S	M	L	LL
腰圍 （鬆緊帶）	64cm	70cm	76cm	82cm
臀圍	93cm	99cm	105cm	111cm
褲長	81cm	82.5cm	83cm	83.5cm

材料

・白　表布（棉）…寬110cm×190cm
・卡其　表布（麻）…寬105cm×190cm
　黏著襯…各20×30cm
　寬2cm鬆緊帶…各70至90cm

作法

※裝飾口袋貼上黏著襯

1 … 前褲管接縫裝飾口袋
2 … 車縫脇邊和股下
3 … 車縫股圍
4 … 接縫腰帶，穿過鬆緊帶
5 … 車縫下襬

原寸紙型**2**面
（使用紙型J）

裁布圖

☆中的數字為縫份。除指定處之外，縫份皆為1cm。
※在▨▨▨的位置需貼上黏著襯。

寬110〔105〕cm

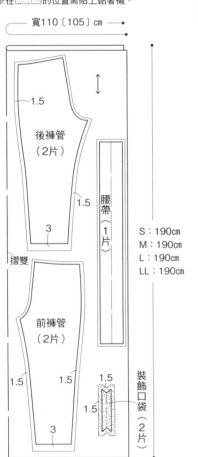

後褲管
（2片）
1.5
1.5
3
摺雙

腰帶
（1片）

前褲管
（2片）
1.5　1.5
3

裝飾口袋
（2片）
1.5
1.5

S：190cm
M：190cm
L：190cm
LL：190cm

腰帶尺寸圖

摺雙

S：81.4
M：87.4
L：93.4
LL：99.4

5

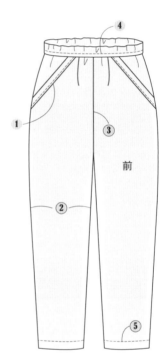

前

① ② ③ ④ ⑤

①

①裝飾口袋背面相對對摺，
　縫份兩片一起進行Z字形車縫，
　重疊前褲管車縫。

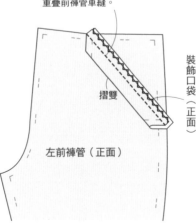

摺雙

裝飾口袋
（正面）

左前褲管（正面）

→

②反摺裝飾口袋車縫。

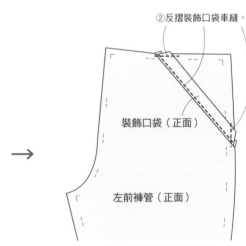

裝飾口袋（正面）

左前褲管（正面）

※右前褲管依相同方法製作。

❷

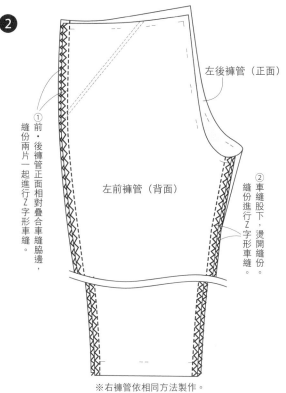

左後褲管（正面）

①前・後褲管正面相對疊合車縫脇邊，縫份兩片一起進行Z字形車縫。

左前褲管（背面）

②車縫股下，燙開縫份。縫份進行Z字形車縫。

※右褲管依相同方法製作。

❸

②左右褲管正面相對疊合車縫股圍，燙開縫份。

右前褲管（正面）

右後褲管（正面）

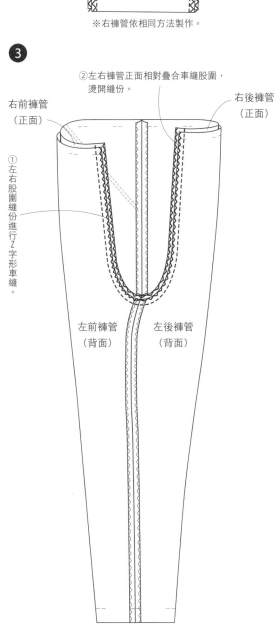

①左右股圍縫份進行Z字形車縫。

左前褲管（背面）

左後褲管（背面）

❹❺

①單側進行Z字形車縫。

鬆緊帶穿入口2cm

（正面）

腰帶（背面）

②正面相對疊合，預留鬆緊帶穿入口，車縫。

腰帶（背面）

③燙開縫份壓線。

④褲子和腰帶正面相對疊合車縫。

腰帶（背面）

對齊左脇

前褲管（正面）

腰帶（正面）

重疊1.5cm

⑤反摺腰帶從表面壓線。

⑥從鬆緊帶穿入口穿入鬆緊帶，重疊兩端車縫。

前褲管（正面）

⑦下襬縫份進行Z字形車縫，對摺車縫。

2

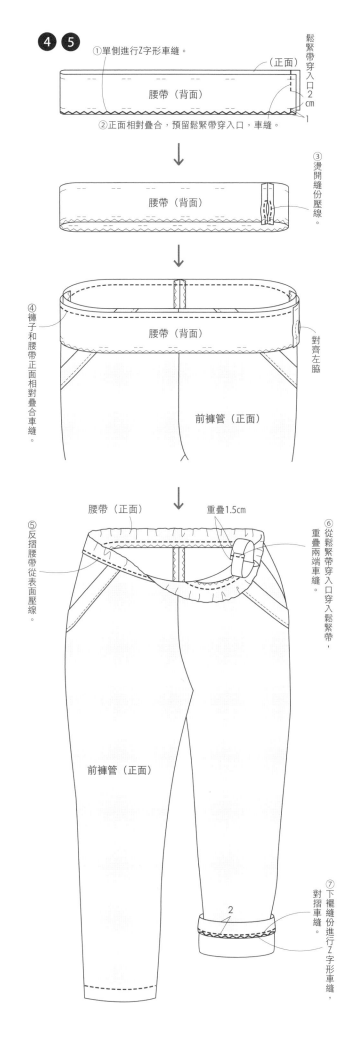

荷葉邊連身裙
上衣

完成尺寸

	S	M	L	LL
胸圍	124cm	130cm	136cm	142cm
衣長 （連身裙）	94cm	95cm	96cm	97cm
衣長 （上衣）	52cm	53cm	54cm	55cm
袖長 （五分袖）	18cm	20cm	21cm	22cm
袖長 （短袖）	5.8cm	6.8cm	7.8cm	8.8cm

材料

- 連身裙／五分袖
  表布（棉麻）…寬100cm×260至280cm
- 連身裙／短袖　表布（棉）…寬105cm×250cm
- 上衣／五分袖　表布（棉麻）…寬100cm×170至180cm
- 上衣／短袖　表布（棉）…寬110cm×160至170cm
  黏著襯…各40×30cm、直徑1.3cm釦子…各1個

作法

※前後貼邊貼上黏著襯

1 … 車縫前身片中央
2 … 車縫後片中心
3 … 車縫肩線
4 … 製作貼邊
5 … 車縫領圍，製作後開叉（參考P.44 **2**）
6 … 身片接縫袖子
7 … 身片接縫袖子
8 … 從袖下車縫脇邊
9 … 車縫下襬
10 … 製作釦眼·裝上釦子（參考P.44 **6**）

原寸紙型**3**面
（使用紙型K）

裁布圖

☆中的數字為縫份。除指定處之外，縫份皆為1cm。
※在 ░░░ 的位置需貼上黏著襯。

連身裙　※〔　〕代表短袖尺寸
寬100〔105〕cm

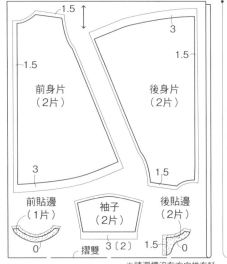

前身片（2片）
後身片（2片）
前貼邊（1片）
袖子（2片）
摺雙
後貼邊（2片）

S：260cm〔250〕cm
M：270cm〔250〕cm
L：270cm〔250〕cm
LL：280cm〔250〕cm

※請選擇沒有方向性布料，
紙型上下顛倒放置也沒問題。

上衣
※〈　〉代表五分袖尺寸
寬110〈100〉cm

後身片（2片）
前身片（2片）
摺雙
前貼邊（1片）
後貼邊（2片）
袖子（2片）

S：160cm〈170〉cm
M：160cm〈170〉cm
L：160cm〈180〉cm
LL：170cm〈180〉cm

基本荷葉邊連身裙

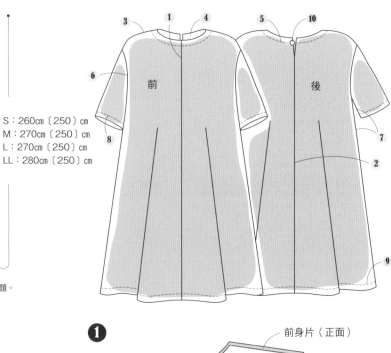

前　後

1

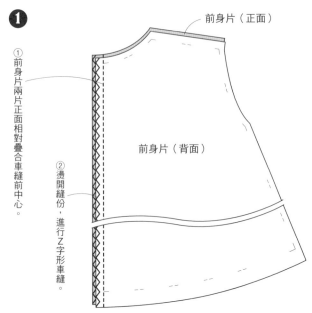

前身片（正面）
前身片（背面）

① 前身片兩片正面相對疊合車縫前中心。
② 燙開縫份，進行Z字形車縫。

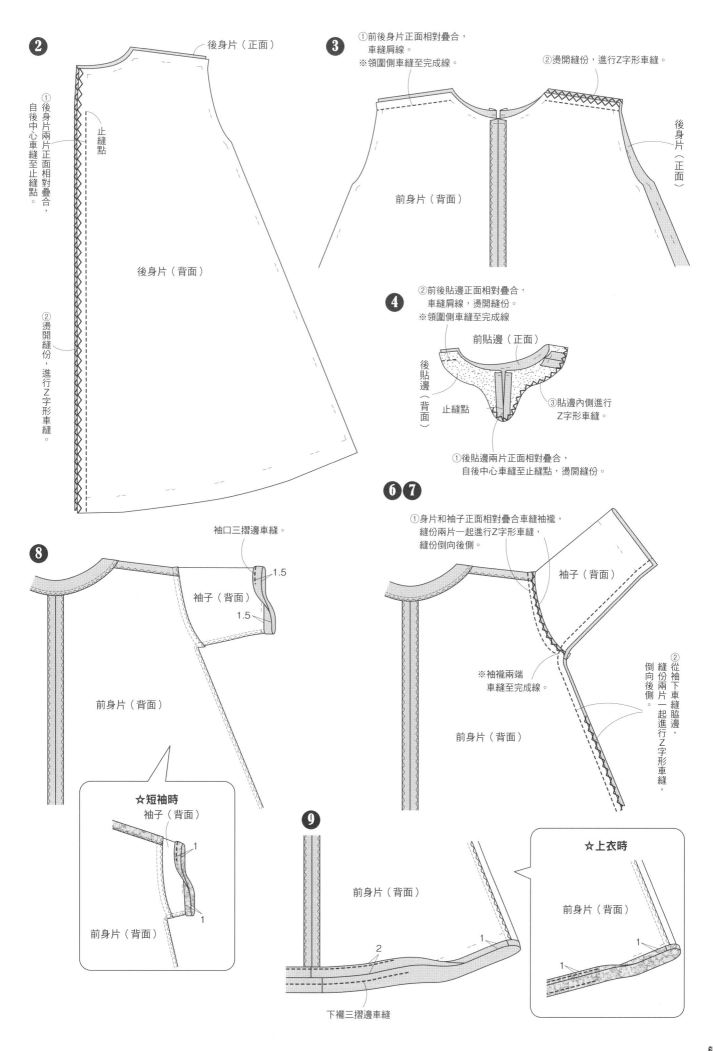

2

① 後身片兩片正面相對疊合，自後中心車縫至止縫點。

後身片（正面）

止縫點

② 燙開縫份，進行Z字形車縫。

後身片（背面）

3

① 前後身片正面相對疊合，車縫肩線。
※領圍側車縫至完成線。

② 燙開縫份，進行Z字形車縫。

後身片（正面）

前身片（背面）

4

② 前後貼邊正面相對疊合，車縫肩線，燙開縫份。
※領圍側車縫至完成線

前貼邊（正面）

後貼邊（背面）

③ 貼邊內側進行Z字形車縫。

止縫點

① 後貼邊兩片正面相對疊合，自後中心車縫至止縫點，燙開縫份。

⑥⑦

① 身片和袖子正面相對疊合車縫袖襱，縫份兩片一起進行Z字形車縫，縫份倒向後側。

袖子（背面）

※袖襱兩端車縫至完成線。

前身片（背面）

② 從袖下車縫脇邊，縫份兩片一起進行Z字形車縫，倒向後側。

8

袖口三摺邊車縫。

袖子（背面）

1.5

1.5

前身片（背面）

☆短袖時

袖子（背面）

1

前身片（背面）

1

9

前身片（背面）

2

1

下襬三摺邊車縫

☆上衣時

前身片（背面）

1

1

設計領連身裙

完成尺寸

	S	M	L	LL
胸圍	96cm	102cm	108cm	114cm
衣長	109cm	110cm	111cm	112cm
袖長	39cm	40cm	41cm	42cm

材料

表布（麻）…寬138cm×290至300cm
黏著襯…80×40cm

裁布圖

☆中的數字為縫份。除指定處之外，縫份皆為1cm。
※在 ▨ 的位置需貼上黏著襯。

作法

※前身片L形部分・表領・前後貼邊貼上黏著襯
1… 接縫前身片和剪接布
2… 車縫身片肩線（參考P.65 3 ）
3… 製作貼邊
4… 製作領子
5… 身片接縫領子，車縫領圍
6… 車縫脇邊（參考P.77 5 ）
7… 製作袖子
8… 身片接縫袖子
9… 車縫下襬（參考完成圖）

原寸紙型3面
（使用紙型L）

★前・後身片上下紙型分
開的，請對齊記號製作
紙型，裁剪布料。

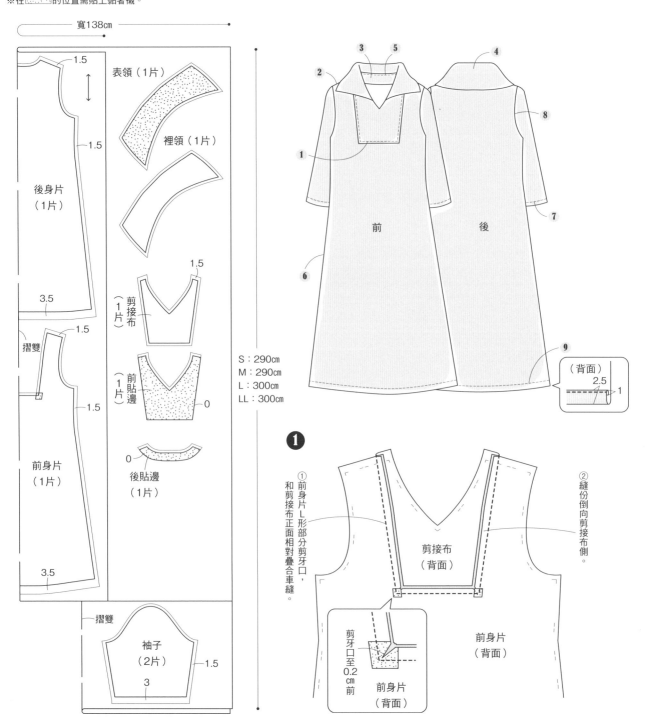

寬138cm

表領（1片）
裡領（1片）
後身片（1片）
剪接布（1片）
前貼邊（1片）
後貼邊（1片）
前身片（1片）
摺雙
袖子（2片）

1.5
1.5
3.5
1.5
摺雙
1.5
1.5
3.5
0
0
1.5
3

S：290cm
M：290cm
L：300cm
LL：300cm

3 5
2
4
1
8
前 後
6
7
9
（背面）
2.5
1

① 前身片L形部分剪牙口，
和剪接布正面相對疊合車縫。

② 縫份倒向剪接布側。

剪接布（背面）

剪牙口至0.2cm前

前身片（背面）

前身片（背面）

前身片（背面）

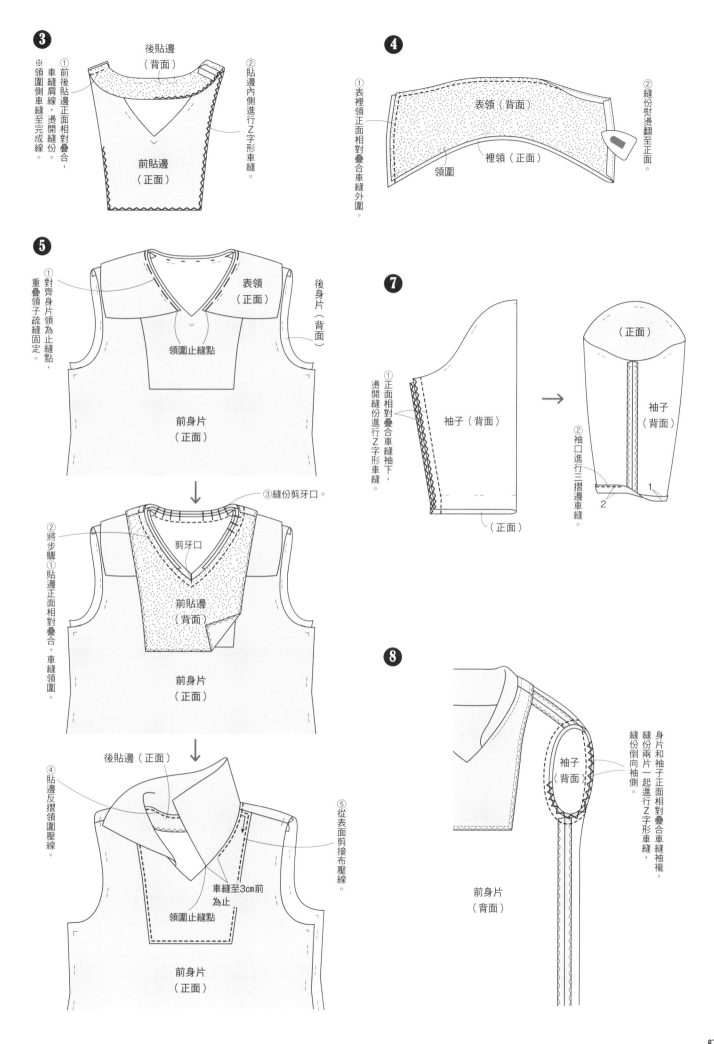

❸

後貼邊（背面）

① 前後貼邊正面相對疊合，車縫肩線，燙開縫份。
※領圍側車縫至完成線。

前貼邊（正面）

② 貼邊內側進行Z字形車縫。

❹

① 表裡領正面相對疊合車縫外圍。

表領（背面）

領圍

裡領（正面）

② 縫份熨燙翻至正面。

❺

① 對齊身片領為止縫點，重疊領子疏縫固定。

表領（正面）

後身片（背面）

領圍止縫點

前身片（正面）

③ 縫份剪牙口。

② 將步驟①貼邊正面相對疊合，車縫領圍。

剪牙口

前貼邊（背面）

前身片（正面）

④ 貼邊反摺領圍壓線。

後貼邊（正面）

車縫至3cm前為止

領圍止縫點

⑤ 從表面剪接布壓線。

前身片（正面）

❼

① 正面相對疊合車縫袖下，燙開縫份進行Z字形車縫。

袖子（背面）

（正面）

（正面）

袖子（背面）

② 袖口進行三摺邊車縫。

2　1

❽

袖子（背面）

身片和袖子正面相對疊合車縫袖襱，縫份兩片一起進行Z字形車縫，縫份倒向袖側。

前身片（背面）

67

細褶連身裙

完成尺寸

	S	M	L	LL
胸圍	102cm	108cm	114cm	120cm
衣長	109cm	110cm	111cm	112cm
袖長	35cm	36cm	37cm	38cm

材料

・條紋　表布（針織布）…寬160cm×170至190cm
・黑　表布（棉沙典布）…寬110cm×280至290cm
　針織布黏著襯…80×50cm（一般布料則使用一般黏
　著襯70×40cm）・寬1cm鬆緊帶…各70至90cm

作法

※前・後貼邊、袖口布、口袋貼上黏著襯。
※針織布前身片肩線（直布紋長10cm）
　下襬（橫布紋）貼上黏著襯。

1 … 車縫肩線
2 … 製作貼邊
3 … 車縫領圍
4 … 身片接縫袖子
5 … 從袖下車縫脇邊
6 … 袖子接縫袖口布
7 … 製作口袋
8 … 車縫裙子的脇邊和下襬
9 … 接縫身片和裙片
10 … 腰圍車縫鬆緊帶
　　（鬆緊帶處理方法參考P.53 4 ）

原寸紙型3面
（使用紙型M）

裁布圖

☆中的數字為縫份。除指定處之外，縫份皆為1cm。
※在▨▨的位置需貼上黏著襯。

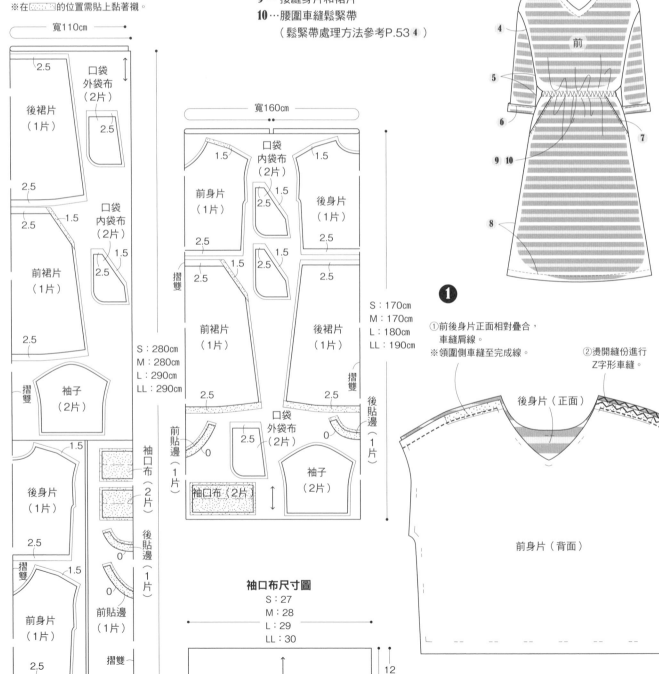

①前後身片正面相對疊合，
　車縫肩線。
※領圍側車縫至完成線。

②燙開縫份進行
　Z字形車縫。

後身片（正面）

前身片（背面）

袖口布尺寸圖
S：27
M：28
L：29
LL：30

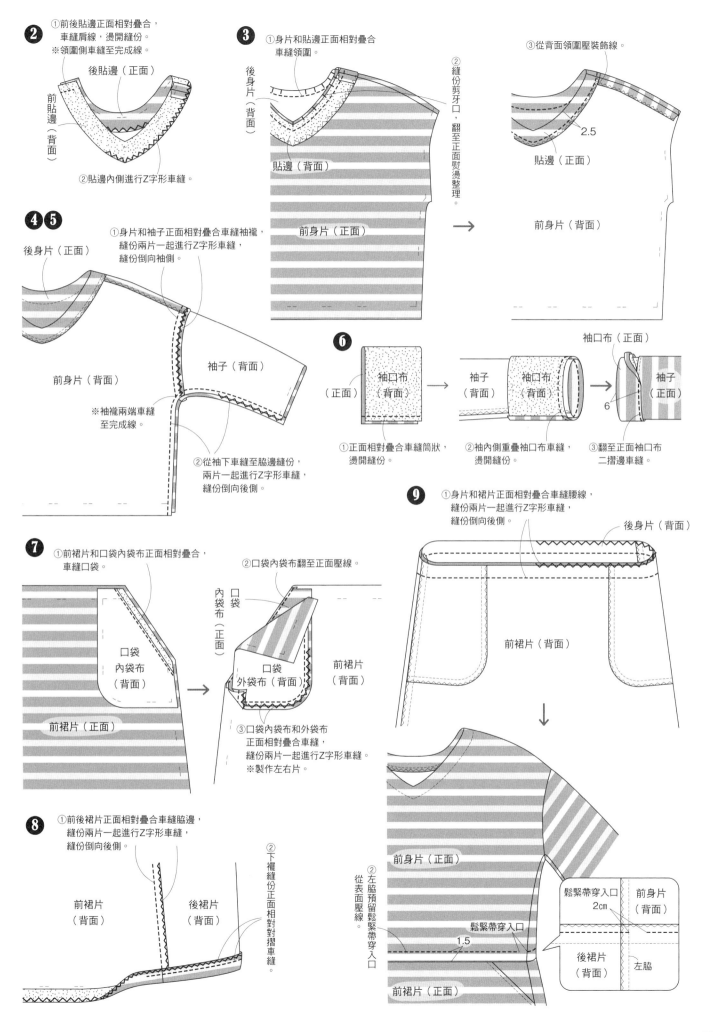

2 ①前後貼邊正面相對疊合，
車縫肩線，燙開縫份。
※領圍側車縫至完成線。

後貼邊（正面）

前貼邊（背面）

②貼邊內側進行Z字形車縫。

3 ①身片和貼邊正面相對疊合
車縫領圍。

後身片（背面）

貼邊（背面）

②縫份剪牙口，翻至正面熨燙整理。

前身片（正面）

③從背面領圍壓裝飾線。

2.5

貼邊（正面）

前身片（背面）

4 5

後身片（正面）

①身片和袖子正面相對疊合車縫袖襱，
縫份兩片一起進行Z字形車縫，
縫份倒向袖側。

前身片（背面）

袖子（背面）

※袖襱兩端車縫
至完成線。

②從袖下車縫至脇邊縫份，
兩片一起進行Z字形車縫，
縫份倒向後側。

6

（正面）

袖口布（背面）

①正面相對疊合車縫筒狀，
燙開縫份。

袖子（背面）

袖口布（背面）

②袖內側重疊袖口布車縫，
燙開縫份。

袖口布（正面）

袖子（正面）

6

③翻至正面袖口布
二摺邊車縫。

7 ①前裙片和口袋內袋布正面相對疊合，
車縫口袋。

口袋內袋布（背面）

前裙片（正面）

②口袋內袋布翻至正面壓線。

口袋內袋布（正面）

口袋外袋布（背面）

前裙片（背面）

③口袋內袋布和外袋布
正面相對疊合車縫，
縫份兩片一起進行Z字形車縫。
※製作左右片。

8 ①前後裙片正面相對疊合車縫脇邊，
縫份兩片一起進行Z字形車縫，
縫份倒向後側。

前裙片（背面）

後裙片（背面）

②下襱縫份正面相對對摺車縫。

9 ①身片和裙片正面相對疊合車縫腰線，
縫份兩片一起進行Z字形車縫，
縫份倒向後側。

後身片（背面）

前裙片（背面）

②從表面壓線。

前身片（正面）

②左脇預留鬆緊帶穿入口

鬆緊帶穿入口

1.5

前裙片（正面）

鬆緊帶穿入口
2cm

前身片（背面）

後裙片（背面）

左脇

垂墜上衣

完成尺寸

	S	M	L	LL
胸圍	114cm	120cm	126cm	132cm
衣長	76cm	77cm	78cm	79cm

材料

表布a（針織布）…寬150cm×70cm
表布b（針織布）…寬150cm×140cm
針織布黏著襯…100×20cm

作法

※前身片肩（直布紋長10cm）前剪接凹部分（四方形3cm）
　後領圍（橫布紋）・下襬（橫布紋）・貼上針織布黏著襯。
　（參考P.47 **3**）

1 … 接縫身片和剪接布
2 … 車縫後領圍
3 … 車縫肩線
4 … 車縫脇邊
5 … 車縫下襬＆開叉
6 … 製作袖口布・接縫袖子

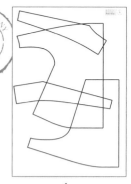

原寸紙型**4**面
（使用紙型N）

★裁布圖＊的部份，紙型
　的貼邊摺雙展開製作。

裁布圖

☆中的數字為縫份。除指定處之外，縫份皆為1cm。
※在▨▨▨的位置需貼上黏著襯。

表布a

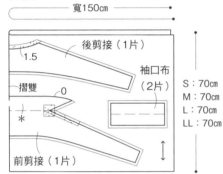

寬150cm

1.5
摺雙
0
＊
後剪接（1片）
袖口布（2片）
前剪接（1片）

S：70cm
M：70cm
L：70cm
LL：70cm

表布b

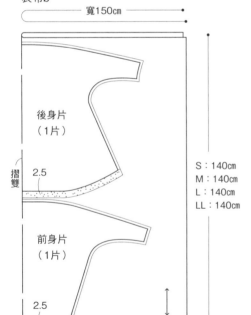

寬150cm

後身片（1片）
摺雙
2.5
前身片（1片）
2.5

S：140cm
M：140cm
L：140cm
LL：140cm

袖口布尺寸圖

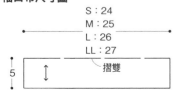

S：24
M：25
L：26
LL：27
5
摺雙

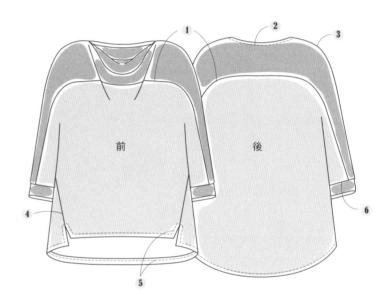

②前身片和前剪接
正面相對疊合車縫。

③縫份兩片一起進行Z字形車縫，
縫份倒向衣身側。

前剪接（背面）

①前剪接貼邊內側進行Z字形車縫。

前身片（正面）

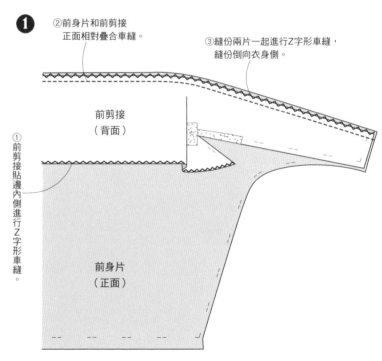

前

後

※後身片和後剪接依相同方法車縫。

2

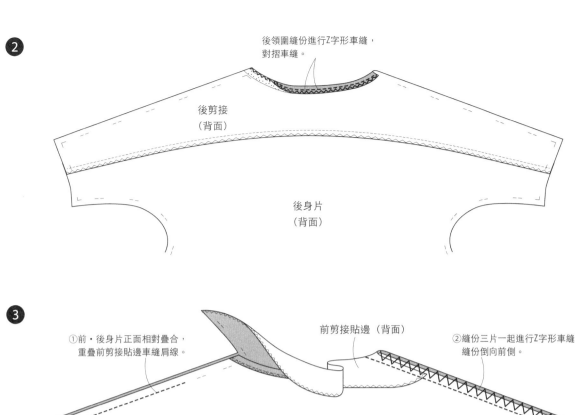

後領圍縫份進行Z字形車縫，
對摺車縫。

後剪接
（背面）

後身片
（背面）

3

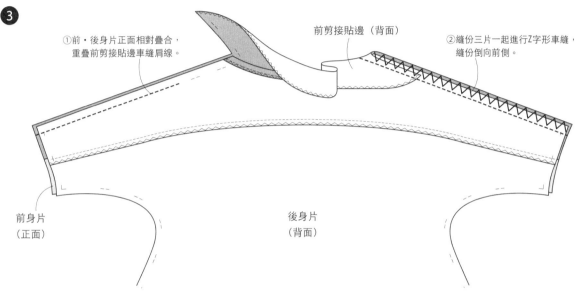

①前・後身片正面相對疊合，
重疊前剪接貼邊車縫肩線。

前剪接貼邊（背面）

②縫份三片一起進行Z字形車縫，
縫份倒向前側。

前身片
（正面）

後身片
（背面）

4 5

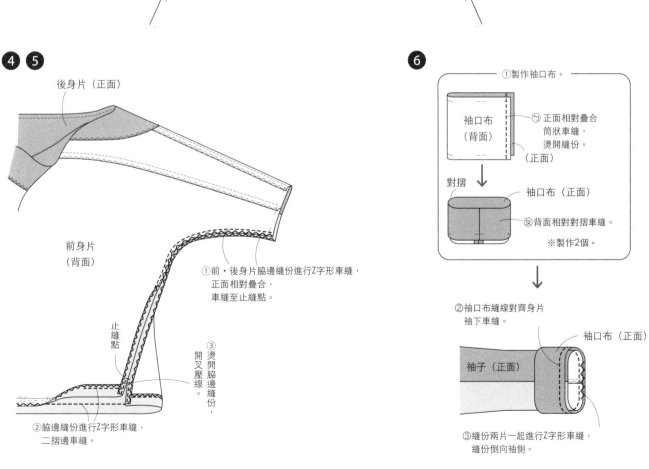

後身片（正面）

前身片
（背面）

①前・後身片脇邊縫份進行Z字形車縫，
正面相對疊合，
車縫至止縫點。

止縫點

③燙開脇邊縫份，開叉壓線。

②脇邊縫份進行Z字形車縫，
二摺邊車縫。

6

①製作袖口布。

袖口布
（背面）

㋑正面相對疊合
筒狀車縫，
燙開縫份。

（正面）

對摺

袖口布（正面）

㋺背面相對對摺車縫。

※製作2個。

②袖口布縫線對齊身片
袖下車縫。

袖口布（正面）

袖子（正面）

③縫份兩片一起進行Z字形車縫，
縫份倒向袖側。

長版背心

完成尺寸

	S	M	L	LL
胸圍	86cm	92cm	98cm	104cm
衣長	79cm	80cm	82cm	83cm

作法

1 … 車縫肩線
2 … 車縫脇邊（參考P.77 5 ）
3 … 車縫袖襱
4 … 車縫下襱
5 … 車縫領圍・前端
6 … 裝上釦子和釦環（參考P.45 6 ）

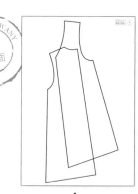

原寸紙型4面
（使用紙型O）

材料

・白　表布（麻）…寬115cm×190至200cm
・深紫色　表布（麻）…寬138cm×100至110cm
　寬3cm滾邊條…各180至200cm
　直徑1至1.3cm釦子…各4個

裁布圖

☆中的數字為縫份。除指定處之外，縫份皆為1cm。

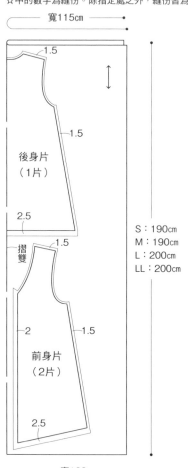

寬115cm

1.5
1.5
後身片
（1片）
2.5
1.5
摺雙
1.5
2
前身片
（2片）
1.5
2.5

S：190cm
M：190cm
L：200cm
LL：200cm

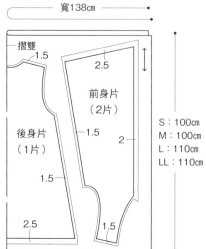

寬138cm

摺雙
1.5
2.5
前身片
（2片）
1.5
2
後身片
（1片）
1.5
2.5
1.5

S：100cm
M：100cm
L：110cm
LL：110cm

※上下顛倒放置紙型，請使用無方向性的素材。

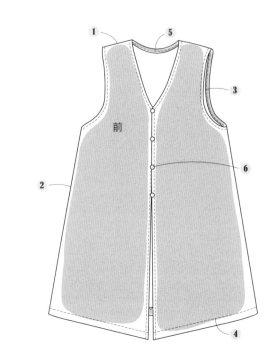

1　前
2
3
5
6
4

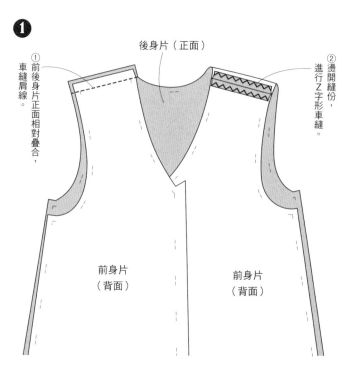

❶

後身片（正面）

① 前後身片正面相對疊合，車縫肩線。

② 燙開縫份，進行Z字形車縫。

前身片（背面）

前身片（背面）

3

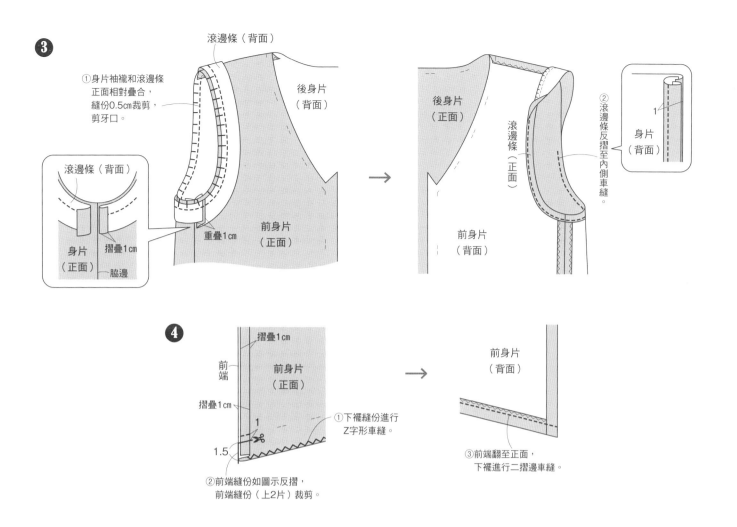

①身片袖襱和滾邊條正面相對疊合，縫份0.5cm裁剪，剪牙口。

滾邊條（背面）

後身片（背面）

滾邊條（背面）

身片（正面）

摺疊1cm

脇邊

重疊1cm

前身片（正面）

後身片（正面）

滾邊條（正面）

前身片（背面）

②滾邊條反摺至內側車縫。

滾邊條反摺至內側車縫。

1

身片（背面）

4

摺疊1cm

前端

摺疊1cm

前身片（正面）

1

1.5

①下襬縫份進行Z字形車縫。

②前端縫份如圖示反摺，前端縫份（上2片）裁剪。

前身片（背面）

③前端翻至正面，下襬進行二摺邊車縫。

5 6

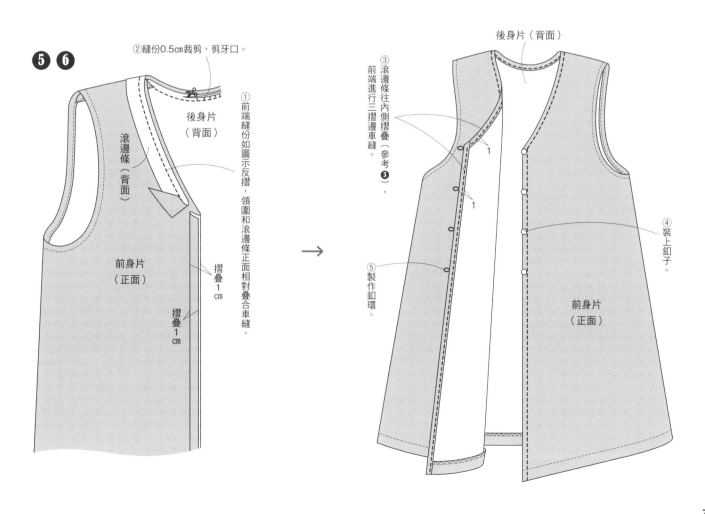

②縫份0.5cm裁剪，剪牙口。

後身片（背面）

滾邊條（背面）

前身片（正面）

摺疊1cm

摺疊1cm

①前端縫份如圖示反摺，領圍和滾邊條正面相對疊合車縫。

後身片（背面）

③滾邊條往內側摺疊（參考❸），前端進行三摺邊車縫。

1

1

⑤製作鈕環。

④裝上鈕子。

前身片（正面）

燈籠裙

完成尺寸

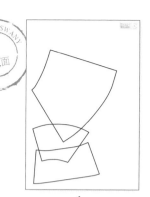

原寸紙型**4**面
（使用紙型P）

	S	M	L	LL
腰圍（鬆緊帶）	62cm	68cm	74cm	80cm
裙長	64cm	64cm	64cm	64cm

材料

・黑　表布（圓點）…寬120cm×240至250cm
・格紋布　表布（棉麻）…寬115cm×240至250cm
　寬0.7cm鬆緊帶…各140至180cm

作法

1… 車縫上裙片脇邊
2… 車縫下裙片脇邊
3… 接縫上・下裙片
4… 車縫下襬
5… 裙片抽拉細褶（參考P.48 **3**）
6… 車縫腰圍
7… 穿過鬆緊帶（鬆緊帶作法參考 **4**）

裁布圖

☆中的數字為縫份。除指定處之外，縫份皆為1cm。

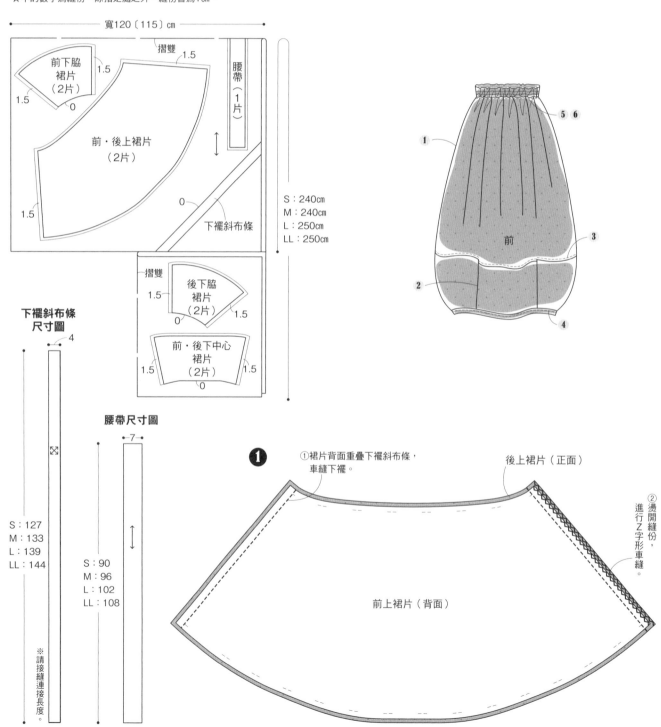

寬120〔115〕cm

摺雙　1.5

前下脇裙片（2片）　1.5
1.5　0

前・後上裙片（2片）
1.5
0

腰帶（1片）

S：240cm
M：240cm
L：250cm
LL：250cm

下襬斜布條

摺雙
後下脇裙片（2片）
1.5　0　1.5

前・後下中心裙片（2片）
1.5　0　1.5

下襬斜布條尺寸圖
4
S：127
M：133
L：139
LL：144
※請接縫連接長度。

腰帶尺寸圖
7
S：90
M：96
L：102
LL：108

1
①裙片背面重疊下襬斜布條，車縫下襬。
後上裙片（正面）
②燙開縫份，進行Z字形車縫。
前上裙片（背面）

前
5 6
3
2
4

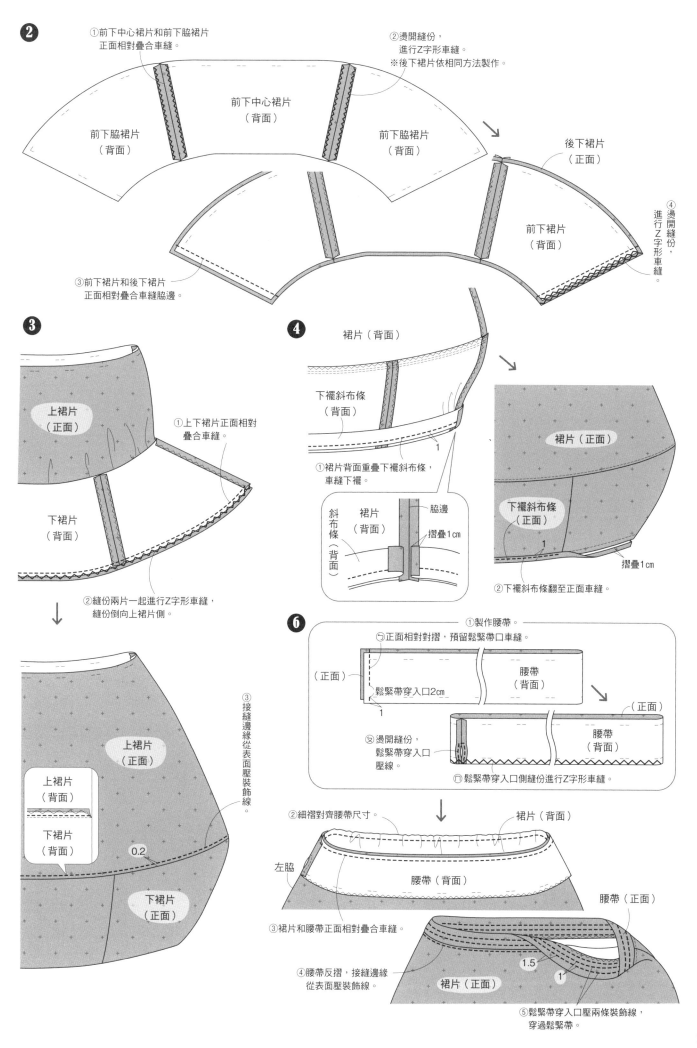

❷

①前下中心裙片和前下脇裙片
正面相對疊合車縫。

②燙開縫份，
進行Z字形車縫。
※後下裙片依相同方法製作。

前下脇裙片
（背面）

前下中心裙片
（背面）

前下脇裙片
（背面）

後下裙片
（正面）

前下裙片
（背面）

④燙開縫份，進行Z字形車縫。

③前下裙片和後下裙片
正面相對疊合車縫脇邊。

❸

上裙片
（正面）

①上下裙片正面相對
疊合車縫。

下裙片
（背面）

②縫份兩片一起進行Z字形車縫，
縫份倒向上裙片側。

上裙片
（正面）

上裙片
（背面）

下裙片
（背面）

0.2

下裙片
（正面）

③接縫邊緣從表面壓裝飾線。

❹

裙片（背面）

下襬斜布條
（背面）

1

①裙片背面重疊下襬斜布條，
車縫下襬。

斜布條（背面）

裙片（背面）

脇邊

摺疊1cm

裙片（正面）

下襬斜布條
（正面）

1

摺疊1cm

②下襬斜布條翻至正面車縫。

❻

①製作腰帶。

㋑正面相對對摺，預留鬆緊帶口車縫。

（正面）

腰帶
（背面）

鬆緊帶穿入口2cm

1

㋺燙開縫份，
鬆緊帶穿入口
壓線。

（正面）

腰帶
（背面）

㋩鬆緊帶穿入口側縫份進行Z字形車縫。

②細褶對齊腰帶尺寸。

裙片（背面）

左脇

腰帶（背面）

腰帶（正面）

③裙片和腰帶正面相對疊合車縫。

④腰帶反摺，接縫邊緣
從表面壓裝飾線。

1.5

1

裙片（正面）

⑤鬆緊帶穿入口壓兩條裝飾線，
穿過鬆緊帶。

休閒上衣

完成尺寸

	S	M	L	LL
胸圍	102cm	108cm	114cm	120cm
衣長	69cm	70cm	71cm	72cm
袖長	55cm	56cm	57cm	58cm

材料

・白　表布（麻）…寬130cm×160cm
・灰　表布（針織布）…寬150cm×130至150cm
　（針織布黏著襯…40×10cm）

裁布圖

☆中的數字為縫份。除指定處之外，縫份皆為1cm。
※在▨▨▨▨的位置需貼上黏著襯。

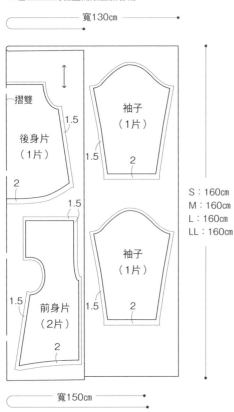

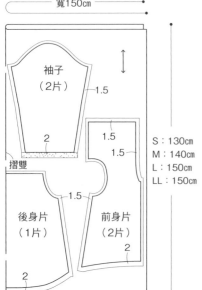

作法

※針織布於袖口黏貼針織布黏著襯
　（參考P.47的 **3** ）

1 … 車縫前身片後中心
2 … 車縫領圍
3 … 車縫前中心
4 … 車縫前・後身片剪接線
5 … 車縫脇邊
6 … 製作袖子
7 … 身片接縫袖子
8 … 車縫下襬（參考完成圖）

原寸紙型**4**面
（使用紙型Q）

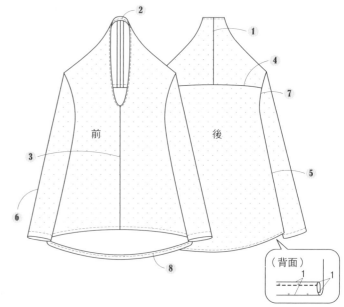

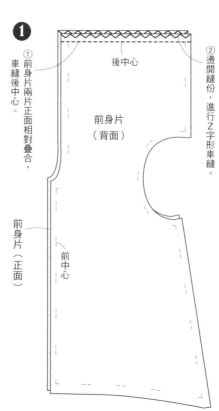

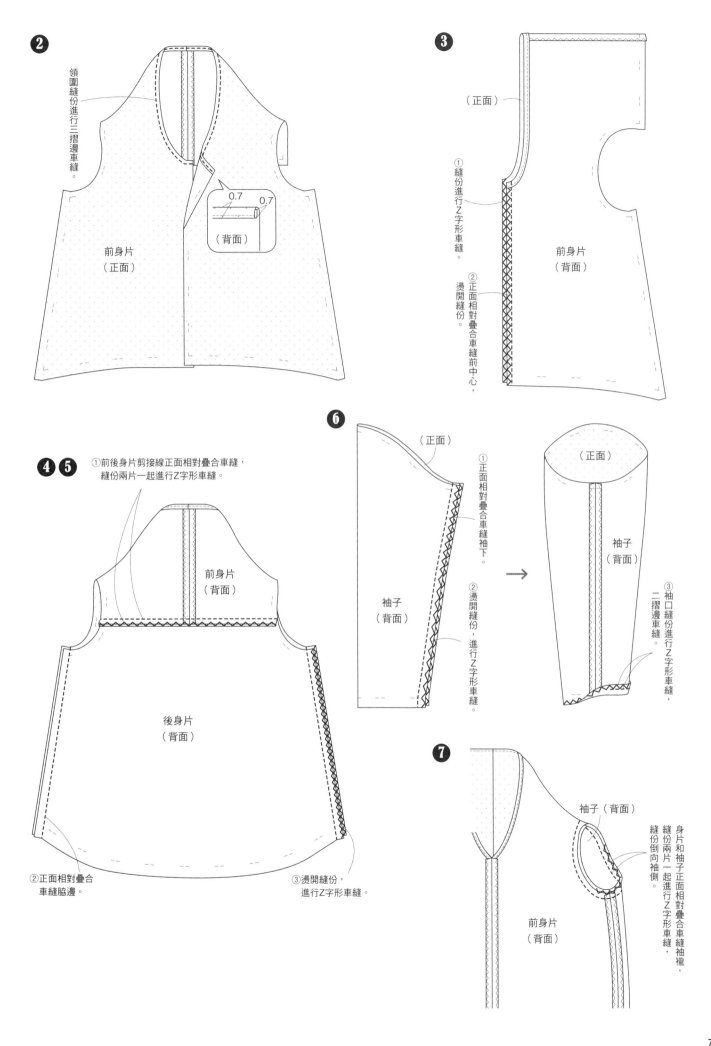

❷

領圍縫份進行三摺邊車縫。

前身片（正面）

0.7   0.7
（背面）

❸

（正面）

①縫份進行Z字形車縫。

前身片（背面）

②正面相對疊合車縫前中心，燙開縫份。

❻

（正面）

①正面相對疊合車縫袖下。

袖子（背面）

②燙開縫份，進行Z字形車縫。

（正面）

袖子（背面）

③袖口縫份進行Z字形車縫，二摺邊車縫。

❹❺

①前後身片剪接線正面相對疊合車縫，縫份兩片一起進行Z字形車縫。

前身片（背面）

後身片（背面）

②正面相對疊合車縫脇邊。

③燙開縫份，進行Z字形車縫。

❼

袖子（背面）

身片和袖子正面相對疊合車縫袖襱，縫份兩片一起進行Z字形車縫，縫份倒向袖側。

前身片（背面）

77

褶襉寬褲

完成尺寸

	S	M	L	LL
腰圍	66cm	72cm	78cm	84cm
褲長	77.5cm	78cm	79cm	80cm

材料

表布（亞麻）
…寬145cm×180至190cm
黏著襯…50×20cm
寬1cm鬆緊帶…70至90cm

作法

※前腰帶貼上黏著襯。

1… 接縫脇邊和股下
2… 車縫股圍
3… 製作前褲管褶襉，抽拉細褶
4… 製作腰帶，接縫至褲片
5… 接縫腰帶，穿過鬆緊帶
6… 車縫下襬（參考完成圖）

原寸紙型4面
（使用紙型R）

裁布圖

☆中的數字為縫份。除指定處之外，縫份皆為1cm。
※在▨▨▨的位置需貼上黏著襯。

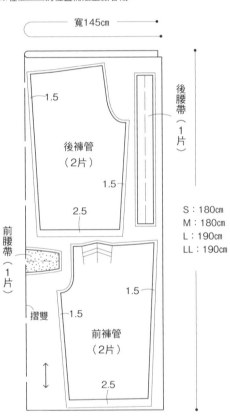

S：180cm
M：180cm
L：190cm
LL：190cm

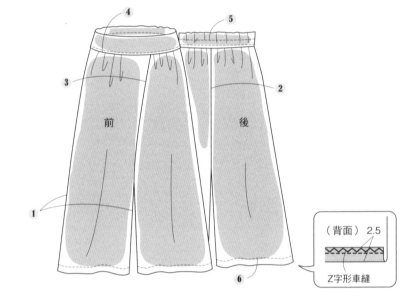

（背面）2.5
Z字形車縫

後腰帶尺寸

S：72.4
M：74.4
L：78.4
LL：81.2

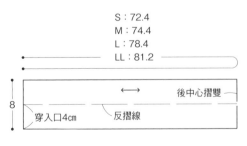

8
穿入口4cm　反摺線　後中心摺雙

❶

左後褲管（正面）

左前褲管（背面）

①前・後褲管正面相對疊合車縫脇邊。燙開縫份，進行Z字形車縫。

②車縫股下，燙開縫份，進行Z字形車縫。

※右褲管依相同方法製作。

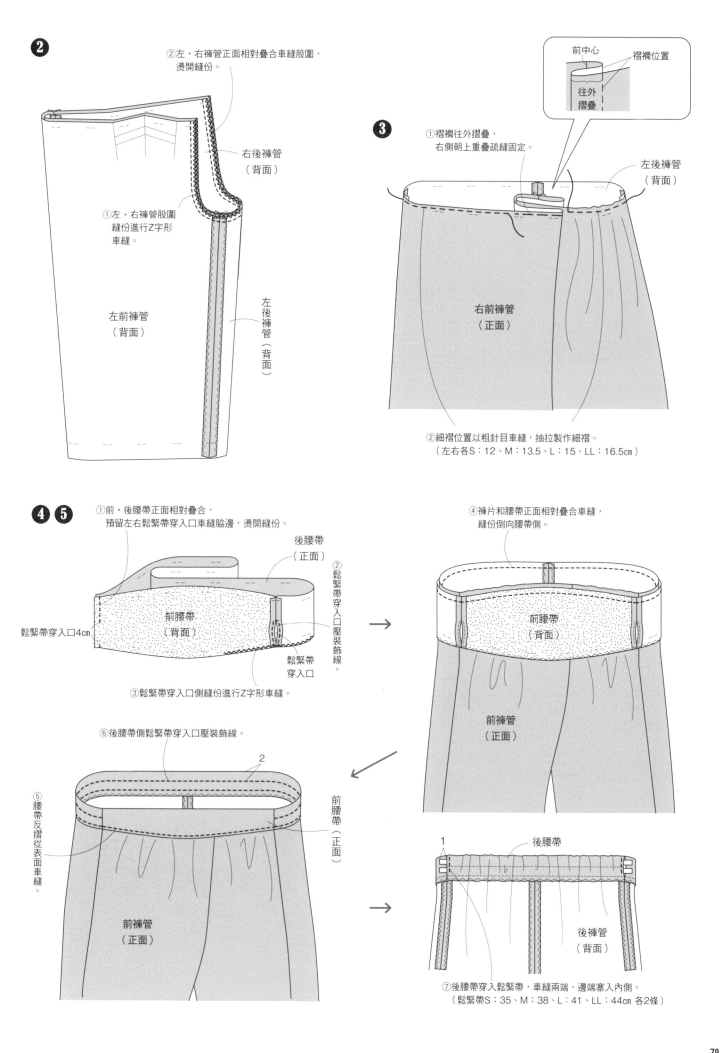

❷

②左‧右褲管正面相對疊合車縫股圍，
燙開縫份。

右後褲管
（背面）

①左‧右褲管股圍
縫份進行Z字形
車縫。

左前褲管
（背面）

左後褲管（背面）

前中心　　　褶襉位置

往外
摺疊

❸

①褶襉往外摺疊，
右側朝上重疊疏縫固定。

左後褲管
（背面）

右前褲管
（正面）

②細褶位置以粗針目車縫，抽拉製作細褶。
（左右各S：12、M：13.5、L：15、LL：16.5㎝）

❹❺

①前‧後腰帶正面相對疊合，
預留左右鬆緊帶穿入口車縫脇邊，燙開縫份。

後腰帶
（正面）

②鬆緊帶穿入口壓裝飾線。

前腰帶
（背面）

鬆緊帶穿入口4㎝

鬆緊帶
穿入口

③鬆緊帶穿入口側縫份進行Z字形車縫。

④褲片和腰帶正面相對疊合車縫，
縫份倒向腰帶側。

前腰帶
（背面）

前褲管
（正面）

⑥後腰帶側鬆緊帶穿入口壓裝飾線。

2

⑤腰帶反摺從表面車縫。

前褲管
（正面）

前腰帶（正面）

1

後腰帶

後褲管
（背面）

⑦後腰帶穿入鬆緊帶，車縫兩端、邊端塞入內側。
（鬆緊帶S：35、M：38、L：41、LL：44㎝ 各2條）

79

寬褲

完成尺寸

	S	M	L	LL
腰圍（鬆緊帶）	60cm	66cm	72cm	78cm
臀圍	94cm	100cm	106cm	112cm
褲長	77cm	77.5cm	78cm	78.5cm

材料

表布（棉麻）…105cm寬×190cm

黏著襯…20×10cm

寬1.5cm鬆緊帶…70至90cm

作法

※口袋口貼上黏著襯。

1 … 車縫脇邊

2 … 製作口袋接縫褲片

3 … 車縫股下（參考P.78 **1**）

4 … 車縫股圍（參考P.79 **2**）

5 … 車縫下襬（參考完成圖）

6 … 接縫腰帶（參考完成圖），穿過鬆緊帶
（鬆緊帶製作方法參考P.53 **4**）

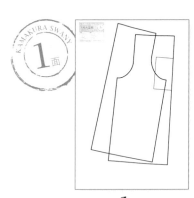

原寸紙型**1**面
（使用紙型A）

裁布圖

☆中的數字為縫份。除指定處之外，縫份皆為1cm。

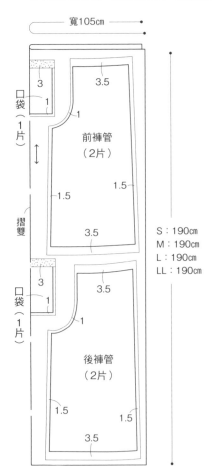

寬105cm

口袋（1片） 3 1

3.5

1

前褲管（2片）

1.5 1.5

3.5

S：190cm
M：190cm
L：190cm
LL：190cm

摺雙

口袋（1片） 3 1

3.5

1

後褲管（2片）

1.5 1.5

3.5

口袋尺寸圖

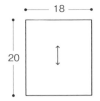

18

20

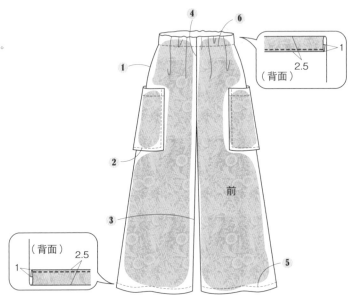

4 6

1

2.5

（背面）

1

前

2

3

5

（背面） 2.5

1

❶❷

①前·後褲管正面相對疊合，
左脇預留鬆緊帶穿入口車縫脇邊。
燙開縫份Z字形車縫。

鬆緊帶穿入口2cm

1

②製作口袋·接縫。

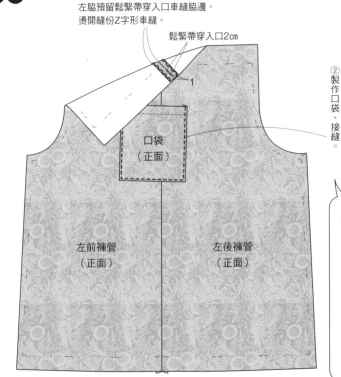

口袋（正面）

左前褲管（正面）

左後褲管（正面）

㋑口袋口三摺邊車縫。

1

2

口袋（背面）

㋺摺疊三邊縫份。

※製作兩個。

※右褲管依相同方法製作。

攝影協力
ADIEU TRISTESSE
ADIEU TRISTESSE LOISIR
　　代官山アドレス・ディセ店
iliann loeb　www.iliannloeb.jp
Vlas Blomme（Vlas Blomme目黑店）
eri,　www.erifukada.com
KIIRO
COUP DE CHAMPIGNON
Tabio
TEMBEA
plus by chausser
YYossYY
YARRA吉祥寺店

道具協力
TITLES　AWABEES

CREDIT

封面・P.6　襪子／Tabio　鞋子／Fot（KIIRO）

P.7　上衣／ADIEU TRISTESSE
　　　鞋子／chausser（plus by chausser）

P.8　別針
　　　帽子・涼鞋／造型師私物

P.9　項鍊・包包／ADIEU TRISTESSE
　　　襪子／ANTIPAST（COUP DE CHAMPIGNON）
　　　鞋子／Fot（KIIRO）

P.10　襪子／Tabio　包包／TEMBEA
　　　外罩衫・T恤・鞋子／造型師私物

P.11　上衣／ADIEU TRISTESSE　鞋子／造型師私物

P.12　襪子／ANTIPAST（COUP DE CHAMPIGNON）
　　　鞋子／TRAVEL SHOES（plus by chausser）
　　　項鍊／eri

P.13　項鍊／YYossYY　圍巾・包包／造型師私物

P.14　項鍊／YYossYY　裙子・包包／造型師私物

P.15　鞋子／F-TROUPE（KIIRO）

P.16　褲子／YARRA吉祥寺店　帽子／造型師私物

P.17　襪子／靴下屋Tabio　鞋子／F-TROUPE（KIIRO）

封面・P.18　項鍊包包／ADIEU TRISTESSE　鞋子／Fot（KIIRO）

P.19上　別針／ADIEU TRISTESSE LOISIR代官山アドレスディ
　　　セ店　褲子／ADIEU TRISTESSE

P.19下　上衣／Vlas Blomme（Vlas Blomme目黑店）
　　　鞋子／Fot（KIIRO）帽子／造型師私物

P.20　圓點包包／TEMBEA
　　　條紋T恤・黃色外罩衫・鞋子／造型師私物

P.21　針織衫／Vlas Blomme（Vlas Blomme目黑店）
　　　鞋子／F-TROUPE（KIIRO）項鍊／YYossYY

P.22　褲子／Vlas Blomme（Vlas Blomme目黑店）
　　　項鍊・包包・鞋子／造型師私物

P.24　項鍊／造型師私物

P.26　褲子・貝蕾帽・手環／造型師私物

P.29　鞋子／Fot（KIIRO）襪子・別針／造型師私物

P.30　貝蕾帽／iliann loeb　襪子／靴下屋Tabio
　　　鞋子／chausser（plus by chausser）

P.31　襪子／靴下屋Tabio　包包／ADIEU TRISTESSE
　　　項鍊・鞋子／造型師私物

P.32　褲子／造型師私物

P.33左　裙子／Vlas Blomme（Vlas Blomme目黑店）
　　　上衣・鞋子／造型師私物

P.33右　上衣／Vlas Blomme（Vlas Blomme目黑店）
　　　褲子／YARRA吉祥寺店　鞋子／F-TROUPE（KIIRO）

P.34　襪子／靴下屋Tabio　上衣・鞋子／造型師私物

P.35　胸花／ADIEU TRISTESSE　上衣・涼鞋／造型師私物

P.36　褲子・帽子／造型師私物

P.37　耳環／eri
　　　褲子／造型師私物

P.38　鞋子／chausser（plus by chausser）
　　　襯衫／造型師私物

店鋪介紹

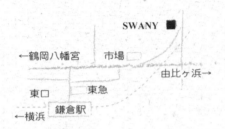

SWANY鎌倉本店
〒248-0007
神奈川縣鎌倉市大町1-1-8
http://www.swany-kamakura.co.jp
營業時間●10：00至18：00
定休日●星期日

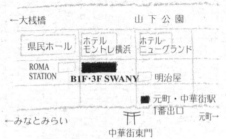

SWANY山下公園店
〒231-0023
神奈川縣橫濱市中區山下町27番地
スタイリオ山下公園THE TOWER 3F・B1F
營業時間●10：00至18：00
定休日●星期一

Sewing 縫紉家 32

布料嚴選
鎌倉SWANYの
自然風手作服

授　　權／主婦與生活社
譯　　者／洪鈺惠
發 行 人／詹慶和
總 編 輯／蔡麗玲
執行編輯／劉蕙寧
編　　輯／蔡毓玲・黃璟安・陳姿伶・李宛真・陳昕儀
封面設計／韓欣恬
美術編輯／陳麗娜・周盈汝
內頁排版／造極彩色印刷
出 版 者／雅書堂文化事業有限公司
發 行 者／雅書堂文化事業有限公司
郵撥帳號／18225950　郵政劃撥戶名：雅書堂文化事業有限公司
地　　址／新北市板橋區板新路206號3樓
網　　址／www.elegantbooks.com.tw
電子郵件／elegant.books@msa.hinet.net
電　　話／(02)8952-4078
傳　　真／(02)8952-4084

2018年9月初版一刷　定價 420 元

KAMAKURA SWANY NO MAINICHI GA TANOSHIKU NARU OSHARE FUKU
Copyright © 2017 SHUFU-TO-SEIKATSU SHA LTD.
All rights reserved.
Original Japanese edition published by SHUFU-TO-SEIKATSU SHA LTD.,
Tokyo.

This Complex Chinese language edition is published by arrangement with
SHUFU-TO-SEIKATSU SHA LTD., Tokyo in care of Tuttle-Mori Agency, Inc.,
Tokyo through Keio Cultural Enterprise Co., Ltd., New Taipei City.

經銷／易可數位行銷股份有限公司
地址／新北市新店區寶橋路235巷6弄3號5樓
電話／(02)8911-0825　傳真／(02)8911-0801

國家圖書館出版品預行編目(CIP)資料

布料嚴選・鎌倉SWANY的自然風手作服 / 主婦與生活社授權；
洪鈺惠譯.
-- 初版. – 新北市：雅書堂文化, 2018.9
　面；　公分. -- (Sewing縫紉家; 32)
ISBN 978-986-302-451-4 (平裝)

1.縫紉 2.衣飾 3.手工藝

426.3　　　　　　　　　　　　　　　107015007

Staff

作品設計・製作・紙型／鎌倉SWANY
採訪・構成／伊藤洋美
設計／ohmae-d
攝影（作品）／回里純子
　　　（步驟）／龜和田良弘（主婦與生活社圖片編輯室）
造型師／石井あすか
髮妝師／吉川陽子
模特兒／asaco（FOLIO management）
作法解說／今寿子
插圖／八文字則子
校閱／滄流社
編輯擔當／石田由美・北川惠子

縫紉家

Happy Sewing
快樂裁縫師

SEWING縫紉家01
全圖解裁縫聖經
授權：BOUTIQUE-SHA
定價：1200元
21×26cm·626頁·雙色

SEWING縫紉家02
手作服基礎班：
畫紙型＆裁布技巧book
作者：水野佳子
定價：350元
19×26cm·96頁·彩色

SEWING縫紉家03
手作服基礎班：
口袋製作基礎book
作者：水野佳子
定價：320元
19×26cm·72頁·彩色＋單色

SEWING縫紉家04
手作服基礎班：
從零開始的縫紉技巧book
作者：水野佳子
定價：380元
19×26cm·132頁·彩色＋單色

SEWING縫紉家05
手作達人縫紉筆記：
手作服這樣作就對了
作者：月居良子
定價：380元
19×26cm·96頁·彩色＋單色

SEWING縫紉家06
輕鬆學會機縫基本功
作者：栗田佐穗子
定價：380元
21×26cm·128頁·彩色＋單色

SEWING縫紉家07
Coser必看の
CosPlay手作服×道具製作術
授權：日本ヴォーグ社
定價：480元
21×29.7cm·96頁·彩色＋單色

SEWING縫紉家08
實穿好搭的
自然風洋裝＆長版衫
作者：佐藤 ゆうこ
定價：320元
21×26cm·80頁·彩色＋單色

SEWING縫紉家09
365日都百搭！穿出線條の
may me 自然風手作服
作者：伊藤みちよ
定價：350元
21×26cm·80頁·彩色＋單色

SEWING縫紉家10
親手作の
簡單優雅款白紗＆晚禮服
授權：Boutique-sha
定價：580元
21×26cm·88頁·彩色＋單色

SEWING縫紉家11
休閒＆聚會都會ok！穿出style
のMay Me大人風手作服
作者：伊藤みちよ
定價：350元
21×26cm·80頁·彩色＋單色

SEWING縫紉家12
Coser必看の
CosPlay手作服×道具製作術2：
華麗進階款
授權：日本ヴォーグ社
定價：550元
21×29.7cm·106頁·彩色＋單色

SEWING縫紉家13
外出＋居家都實穿の
洋裝＆長版上衣
授權：Boutique-sha
定價：350元
21×26cm·80頁·彩色＋單色

SEWING縫紉家14
I LOVE LIBERTY PRINT
英倫風の手作服＆布小物
授權：實業之日本社
定價：380元
22×28cm·104頁·彩色

SEWING縫紉家15
Cosplay超完美製衣術·
COS服的基礎手作
授權：日本ヴォーグ社
定價：480元
21×29.7cm·90頁·彩色＋單色

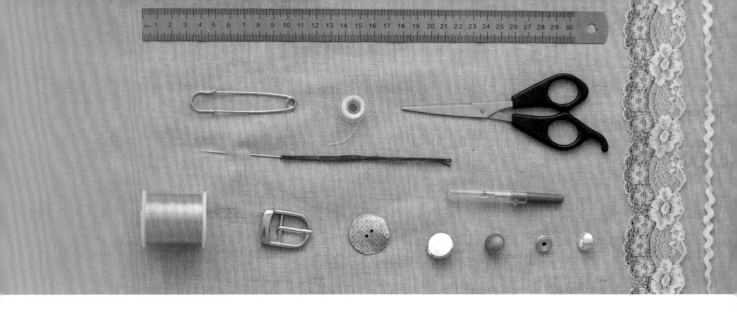

SEWING縫紉家16

自然風女子的日常手作衣著

作者：美濃羽まゆみ

定價：380元

21×26 cm‧80頁‧彩色

SEWING縫紉家17

無拉鍊設計的一日縫紉：
簡單有型的鬆緊帶褲&裙

授權：BOUTIQUE-SHA

定價：350元

21×26 cm‧80頁‧彩色

SEWING縫紉家18

Coser的手作服華麗挑戰：
自己作的COS服×道具

授權：日本Vogue社

定價：480元

21×29.7 cm‧104頁‧彩色

SEWING縫紉家19

專業裁縫師的紙型修正祕訣

作者：土屋郁子

定價：580元

21×26 cm‧152頁‧雙色

SEWING縫紉家20

自然簡約派的
大人女子手作服

作者：伊藤みちよ

定價：380元

21×26 cm‧80頁‧彩色＋單色

SEWING縫紉家21

在家自學
縫紉の基礎教科書

作者：伊藤みちよ

定價：450元

19×26 cm‧112頁‧彩色

SEWING縫紉家22

簡單穿就好看！
大人女子的生活感製衣書

作者：伊藤みちよ

定價：380元

21×26 cm‧80頁‧彩色

SEWING縫紉家23

自己縫製的大人時尚‧
29件簡約俐落手作服

作者：月居良子

定價：380元

21×26 cm‧80頁‧彩色

SEWING縫紉家24

素材美＆個性美‧
穿上就有型的亞麻感手作服

作者：大橋利枝子

定價：420元

19×26cm‧96頁‧彩色

SEWING縫紉家25

女子裁縫師的日常穿搭

授權：BOUTIQUE-SHA

定價：380元

19×26cm‧88頁‧彩色

SEWING縫紉家26

Coser手作裁縫師
自己作Cosplay手作服＆配件

作者：日本Vogue社

定價：480元

27×29.7 cm‧90頁‧彩色＋單色

SEWING縫紉家27

設計師的私房款手作服
容易製作‧嚴選經典

作者：海外竜也

定價：420元

27×26 cm‧96頁‧彩色＋單色

SEWING縫紉家28

輕鬆學手作服設計課
4款版型作出16種變化

作者：香田あおい

定價：420元

19×26 cm‧112頁‧彩色＋單色

SEWING縫紉家29

量身訂作
有型有款的男子襯衫

作者：杉本善英

定價：420元

19×26 cm‧88頁‧彩色＋單色

SEWING縫紉家30

快樂裁縫我的百搭款手作服
一款紙型100%活用＆
365天穿不膩！

授權：Boutique-sha

定價：420元

27×26 cm‧80頁‧彩色＋單色